R과 함께한 데이터 여행

입문

이부일 · 이서현 지음

KM 경문사

contents

1 R 소개

4 | 1.1 사이트

11 | 1.2 도서 목록

2 R 프로그램 설치하기

R 프로그램 설치하기 2.1 | 15

RGUI 화면 설정하기 2.2 | 24

3 RStudio 프로그램 설치하기

33 | 3.1 RStudio 설치하기

40 | 3.2 RStudio 프로그램 실행하기

44 | 3.3 RStudio 프로그램의 환경 설정하기

4 R 사용법

기초 사용법 4.1 | 53

데이터 유형 4.2 | 63

5 객체(Object)

71 | 5.1 스칼라

89 | 5.2 벡터

100 | 5.3 행렬

101 | 5.4 배열

102 | 5.5 데이터 프레임
104 | 5.6 요인

6 외부 데이터 읽어오기

텍스트 데이터 6.1 | 109
엑셀 데이터 6.2 | 111
CSV 데이터 6.3 | 113

7 데이터 핸들링

118 | 7.1 데이터 프레임의 속성
122 | 7.2 데이터 추출하기
131 | 7.3 데이터 정렬하기
136 | 7.4 데이터 합치기

8 일변량 질적 자료의 분석

빈도와 백분율의 개념 8.1 | 145
막대그래프와 원그래프 8.2 | 147
R을 이용한 일변량 질적 자료의 분석 8.3 | 148

9 일변량 양적 자료의 분석

171 | 9.1 표
173 | 9.2 그래프
183 | 9.3 기술통계량
191 | 9.4 R을 이용한 일변량 양적 자료의 분석

R 프로그램의 중요한 특징을 살펴보고, R 프로그램을 학습할 수 있는 유용한 사이트와 현재까지 한국어로 번역된 도서들이나 한국어로 저술된 도서들의 목록을 살펴본다.

R 소개

1.1 사이트
1.2 도서 목록

학습목표

- R 프로그램의 중요한 특징을 파악할 수 있다.
- R 프로그램을 학습할 수 있는 유용한 사이트를 알 수 있다.
- R 프로그램을 학습할 수 있는 도서 목록을 알 수 있다.

주요 용어

로버트 젠틀맨, 로스 이하카, Open source, OS, 패키지(package)

R은 뉴질랜드 통계학 교수인 로버트 젠틀맨(Robert Gentleman)과 로스 이하카(Ross Ihaka)에 의해 1990년 후반에 개발되었고, 2000년 초에 정식으로 version 1.0이 발표되었다. R은 Open source로 개인과 기관에서도 무료로 사용할 수 있고, 프로그램 설치에 필요한 메모리 용량은 62메가(mega)이고, 32/64비트를 지원한다. 또한 운영체제(OS : Operating System)에 자유로워서 윈도우(Windows), 리눅스(Linux), 맥(Mac)에도 설치가 된다. 또한 도움말 기능도 잘 되어 있어서 R을 이해하고 학습하는 데에 많은 도움을 준다.

R은 통계분석, 데이터 시각화, 빅데이터 분석 등에 강점을 가지고 있고, 다양한 전공 분야에서 활발히 이용되고 있다. R에는 패키지(package)라는 추가 기능이 있고, 7800여 개가 넘는다. 이 패키지 안에는 함수, 예제 데이터, 예제 프로그램, 도움말이 있으며, 수시로 새로운 패키지들이 개발되고 배포되어 유용하게 사용할 수 있다. R을 지원하는 다양한 GUI가 있고, 메뉴 방식과 직접 명령어를 입력하는 방식으로 구분할 수 있다. 처음 입문하는 사람에게는 메뉴 방식이 편하겠지만 장기적인 관점을 가지고 명령어를 직접 입력하는 방식을 개인적으로 추천한다.

R의 특징, 역사 등에서는 인터넷이나 다른 서적들을 통해서 더 깊이 알아보길 바라며, R을 공부하는 데에 유용한 사이트 및 서적들을 정리하면 다음과 같다.

1.1 사이트

(1) www.r-project.org

R 홈페이지로 R 프로그램, 패키지 등을 다운로드 받을 수 있는 곳이며, R과 관련된 많은 문서들을 제공하고 있다.

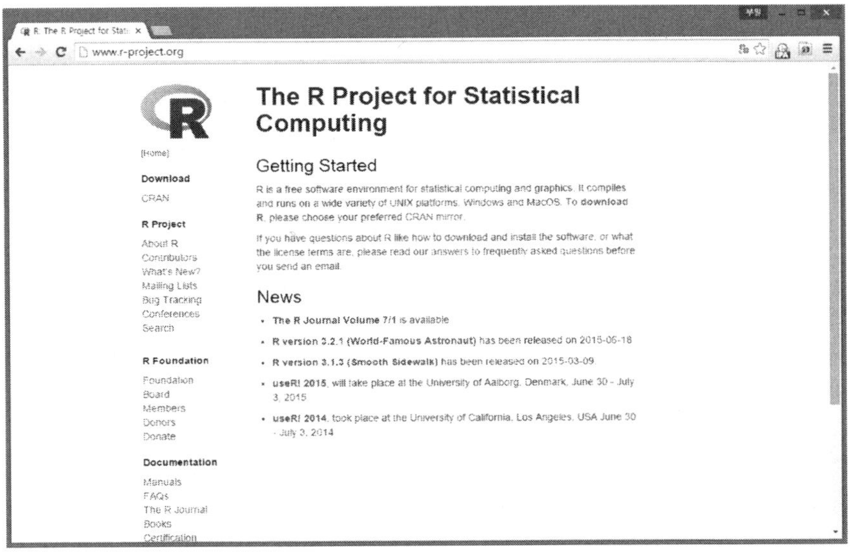

[그림 1-1] R 홈페이지(www.r-project.org)

(2) www.rseek.org

R과 관련된 내용만을 검색할 수 있는 유용한 사이트이다.

[그림 1-2] R 검색 사이트(www.rseek.org)

(3) www.r-bloggers.com

R의 포털 사이트 역할을 하며, 개인이 R로 구현한 내용들이 소개되고, 사람들이 가장 많이 찾아서 내용, 패키지, 구인/구직 정보 등을 다루고 있다.

[그림 1-3] R 포털 사이트(www.r-bloggers.com)

(4) stackoverflow.com

R뿐만 아니라 다른 프로그램 언어에 대해 질문하고 답하는 내용들이 풍부하다. R에 대해서도 질문을 많이 하고, 좋은 답을 찾을 수 있다.

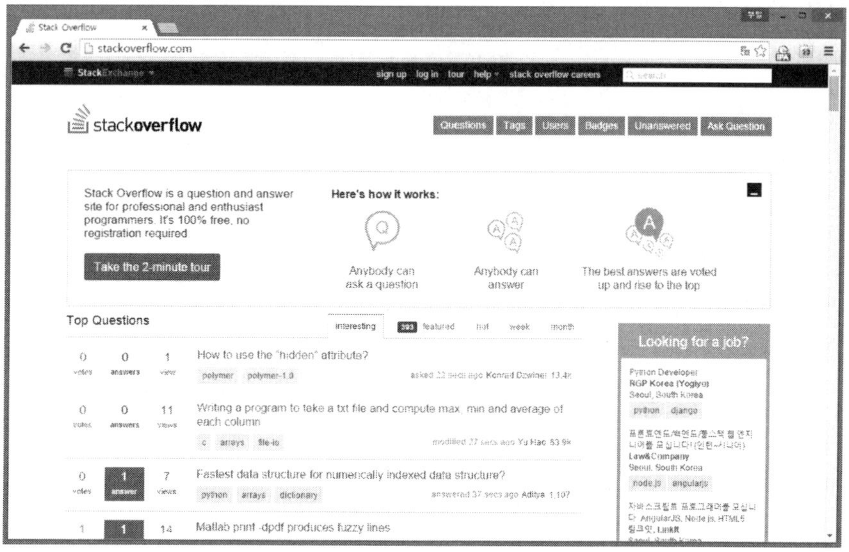

[그림 1-4] stackoverflow.com

(5) www.statmethods.net

Quick-R이라는 표현처럼 R에 대해서 빠르게 공부해 볼 수 있는 사이트다. 짧은 설명과 예제 프로그램이 있어서 따라 해보면 좋다.

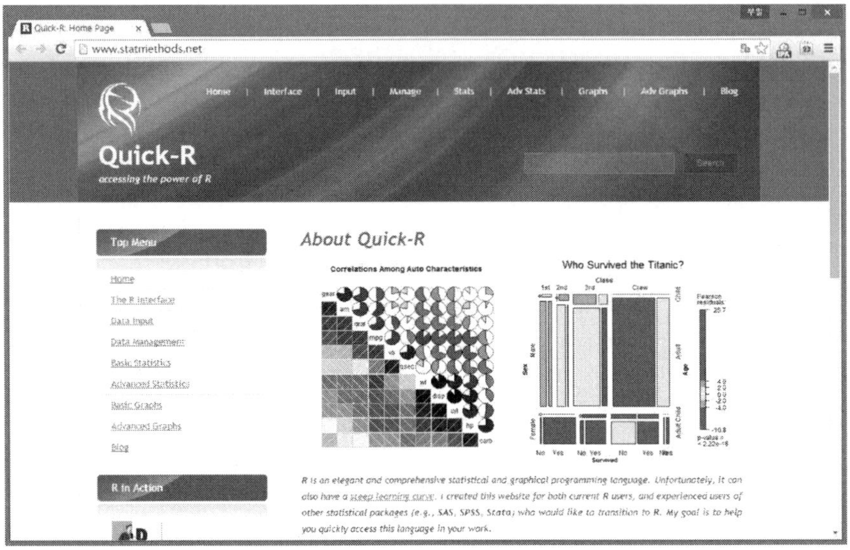

[그림 1-5] Quick_R(www.statmethods.net)

(6) www.google.com

한국에서는 아니지만 세계 최강의 검색 사이트인 구글이다. R의 전문가들이 추천하는 사이트이며, 가능한 영문으로, 문장으로 검색하는 습관을 가지도록 권하고 있다.

[그림 1-6] 구글(www.google.com)

(7) www.youtube.com

동영상 검색의 최강인 유튜브, 이곳에서 R 관련된 강의도 많다. 안타깝게도 대부분 영어로 되어 있다. 영어가 부족하더라도 코드를 보면서 배울 수 있다.

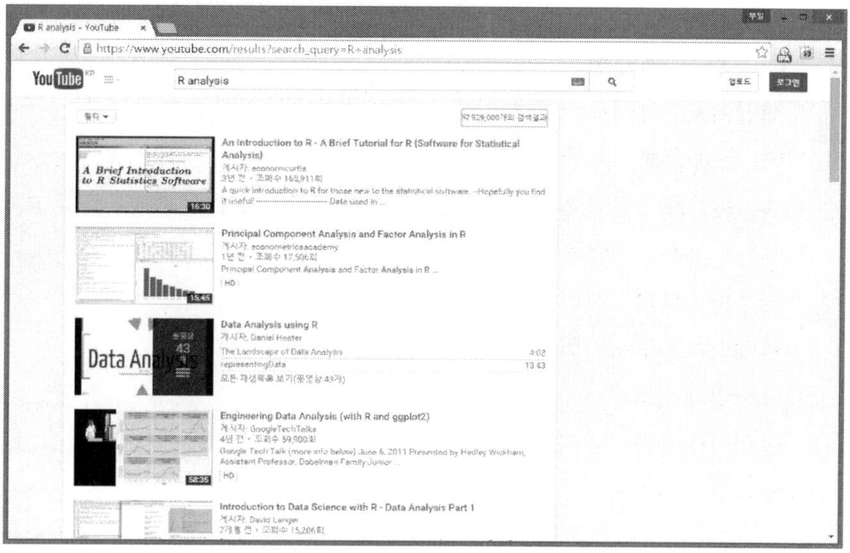

[그림 1-7] 유투브(www.youtube.com)

(8) www.coursera.org

무료 온라인 동영상 강의로 유명한 사이트로 전세계 유명 대학교의 유명 교수님들의 명강의를 수강할 수 있다. R과 관련된 강의도 많이 있으며, 역시 안타까운 점은 영어로 되어 있다는 것이다.

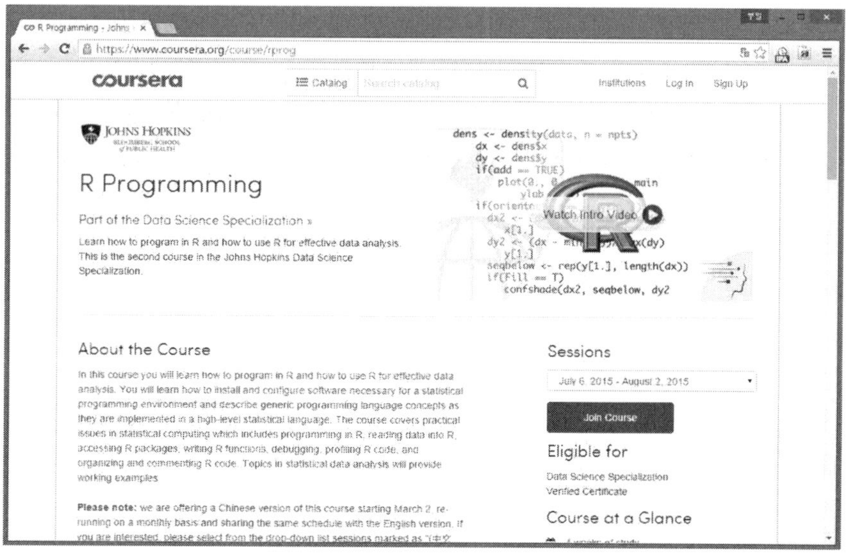

[그림 1-8] 코세라(www.coursera.org)

(9) openstatistics.net

R의 한글 매뉴얼을 제공하는 사이트이며, 영문으로 된 것을 한글로 번역해 주는 많은 사람들 덕분에 보다 친근하게 다가갈 수 있다. 대표적으로 이철희, 정우준 님께 감사를 드린다.

[그림 1-9] 한글 매뉴얼(openstatistics.net)

(10) 페이스북의 R 스터디 그룹

페이스북에 개설된 R을 공부하기 위해 만들어진 그룹이 대표적으로 2개가 있다. 첫 번째는 KRUG로 Korea R User Group의 약자이다. 두 번째는 KRSG로 Korea R Study Group의 약자이다. 페이스북을 사용하는 사람들은 이곳에 가입을 하고, 질문사항이 있을 때 자세하게 문의를 하면 국내의 R 전문가나 R을 공부하고 있는 다른 사용자들이 답변을 해줄 것이다.

(11) web-R

가톨릭대학교 성빈센트병원 순환기내과 문건웅 교수가 개설한 사이트로 일반 사용자들이 웹으로 쉽게 R의 기능을 학습할 수 있도록 서비스를 제공하고 있다.

[그림 1-10] web-r(web-r.org)

(12) KOCW (Korea Open CourseWare)

무료로 R에 대한 사이버강의를 수강할 수 있는 곳이다.

[그림 1-11] KOCW(http://www.kocw.net)

(13) 온라인평생교육원

무료로 R에 대한 사이버강의를 수강할 수 있는 곳이다.

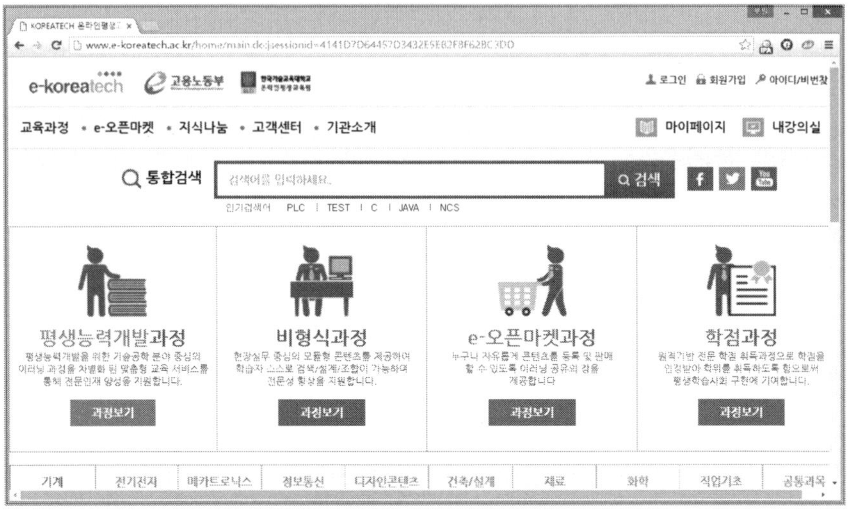

[그림 1-12] 온라인평생교육원(http://www.e-koreatech.ac.kr/)

1.2 도서 목록

현재까지 국내에서 출판되었거나 번역된 R관련 책들의 목록은 다음과 같다.

[표 1-1] R 도서 목록(1)

No	도서명	저자	출판사	연도
1	R과 하둡을 이용한 빅데이터 분석	비그니쉬 플라자파티	에이콘출판사	2016
2	R을 활용한 소셜 빅데이터 연구방법론	송태민 외	한나래	2016
3	기초통계학 : R을 이용한 통계분석	노맹석 외	자유아카데미	2016
4	R과 SPSS(버전22)를 이용한 데이터 분석	한희선	구민사	2015
5	R라뷰	서진수	더알음	2015
6	R를 이용한 사회과학데이터 분석	백영민	커뮤니케이션북스	2015
7	R을 이용한 공학통계 I	박정섭	자유아카데미	2015
8	R을 이용한 빅데티 분석	임동훈	자유아카데미	2015
9	R을 이용한 통계학 입문	차영준 외	자유아카데미	2015
10	R을 활용한 데이터 시각화	유충현 외	인사이트	2015
11	R을 활용한 빅데이터 분석	한국디지털정책학회 빅데이터전략연구회	와우패스	2015
12	R을 활용한 통계 프로그래밍 입문	W. John Braun 외	자유아카데미	2015
13	R을 활용한 통계학	김동희 외	자유아카데미	2015
14	고급 데이터 분석	허명회 외	데이터솔루션	2015
15	데이터 분석으로 배우는 알짜 R 테크닉	재리드 랜더	인사이트	2015
16	비모수통계학	송문섭 외	자유아카데미	2015
17	비즈니스 활용 사례로 배우는 데이터 분석 R	사카마키 류지 외	한빛미디어	2015
18	빅데이터 활용서 1	김경태 외	시대에듀	2015
19	빅데이터 활용서 2	김경태 외	시대에듀	2015
20	손에 잡히는 R 프로그래밍	가렛 그롤먼드	한빛미디어	2015
21	수리통계학 : R을 이용한 실습	강기훈 외	자유아카데미	2015
22	웹에서 클릭만으로 하는 R통계분석	문건웅	한나래	2015
23	의학논문 작성을 위한 R통계와 그래프	문건웅	한나래아카데미	2015
24	통계와 R을 함께 배우는 R까지2 : R 입문용	박찬성	느린생각	2015
25	통계학의 이해와 활용 : Excel과 R을 이용한	강정흥 외	교우사	2015
26	EXCEL, SPSS, R로 배우는 통계학 입문	강상욱	자유아카데미	2014
27	R 통계 프로그래밍 입문	프라반잔 나라야나차트 타따르	에이콘출판사	2014
28	R과 Knitr를 활용한 데이터 연동형 문서 만들기	고석범	에이콘출판사	2014
29	R까기	서진수	느린생각	2014
30	R로 배우는 데이터 분석 기본기 데이터 시각화	후나오 노부오	한빛미디어	2014

[표 1-2] R 도서 목록(2)

No	도서명	저자	출판사	연도
31	R로 하는 데이터 시각화	전희원	한빛미디어	2014
32	R을 이용한 데이터 처리 & 실무	서민구	길벗	2014
33	R을 이용한 통계적 실험설계와 분석	김재희	자유아카데미	2014
34	R을 활용한 기계 학습	브레트 란츠	에이콘출판사	2014
35	The R Book	마이클 크롤리	에이콘출판사	2014
36	데이터 해석 입문	Sau Sheong Chang	프리텍	2014
37	예측 분석 모델링 실무 기법	토마스 밀러	에이콘출판사	2014
38	행정통계분석	정건섭 외	대영문화사	2014
39	R Graphics Cookbook	윈스터 챙	인사이트	2013
40	R 프로그래밍 기초 & 활용	래리 페이스	길벗	2013
41	R-COMMANDER를 이용한 통계분석	최경화 외	단국대학교출판사	2013
42	RStudio 따라잡기	마크 P. J. 판 데르 루 외	에이콘출판사	2013
43	R과 WinGUGS를 이용한 베이지안 통계학	김달호	자유아카데미	2013
44	R과 통계분석	박동련	자유아카데미	2013
45	R과 함께하는 판별분석과 로지스틱 회귀분석	배현웅 외	교우사	2013
46	R을 이용한 통계학	임동훈	자유아카데미	2013
47	R을 이용한 통계학의 이해	유충현 외	자유아카데미	2013
48	데이터마이닝	박창이	교우사	2013
49	언어학자를 위한 통계학	슈테판그리스	고려대학교출판사	2013
50	R Cookbook	폴 티터	인사이트	2012
51	베이지안 통계추론	오만숙	자유아카데미	2012
52	빅데이터 분석 도구 R 프로그래밍	노만 매트로프	에이콘출판사	2012
53	사회과학을 위한 통계와 분석	김준호 외	그린	2012
54	R 다변량 통계분석	김재희	교우사	2011
55	R, SAS, MS-SQL을 활용한 데이터마이닝	이정진	자유아카데미	2011
56	R과 함께하는 분산분석	배현웅 외	교우사	2011
57	R을 이용한 누구나 하는 통계분석	안재형	한나래	2011
58	R을 활용한 통계적 개념 방법 응용	허명회	자유아카데미	2011
59	기초통계학	노맹석 외	자유아카데미	2011
60	통계학	정미숙	자유아카데미	2011
61	R과 함께하는 상관 및 회귀분석	배현웅	교우사	2010
62	R과 함께하는 통계학	배현웅 외	교우사	2010
63	R을 이용한 통계수학	권세혁	자유아카데미	2010
64	기초통계학	박중양 외	자유아카데미	2010
65	통계적 개념과 방법 그리고 R	박중양 외	자유아카데미	2009
66	R과 통계계산	허문열	박영사	2007
67	R에 의한 통계그래픽스	박동련	자유아카데미	2006

R 프로그램을 설치하고, 기본으로 제공하는 RGUI의 환경을 설정하는 내용을 학습한다.

R 프로그램 설치하기

2.1 R 프로그램 설치하기
2.2 RGUI 화면 설정하기

학습목표

- R 프로그램을 설치할 수 있다.
- RGUI의 환경을 설정할 수 있다.

주요 용어

R 프로그램, RGUI

2.1 R 프로그램 설치하기

R 프로그램을 설치하기 전에 준비해야 할 사항이 있다. 이 사항은 3장에서 다룰 RStudio 프로그램 설치하기 전에도 동일하게 적용될 사항이다.

- ✔ 컴퓨터의 이름은 한글로 하지 않고 영어로 하며, 특수 문자나 공백을 사용하지 않는다.
- ✔ 사용자 이름도 한글로 하지 않고 영어로 하며, 특수 문자나 공백을 사용하지 않는다.
- ✔ 파일을 저장하는 폴더 이름도 한글로 하지 않고 영어로 하며, 특수 문자나 공백을 사용하지 않는다.

단계1 www.r-project.org에 접속한다.

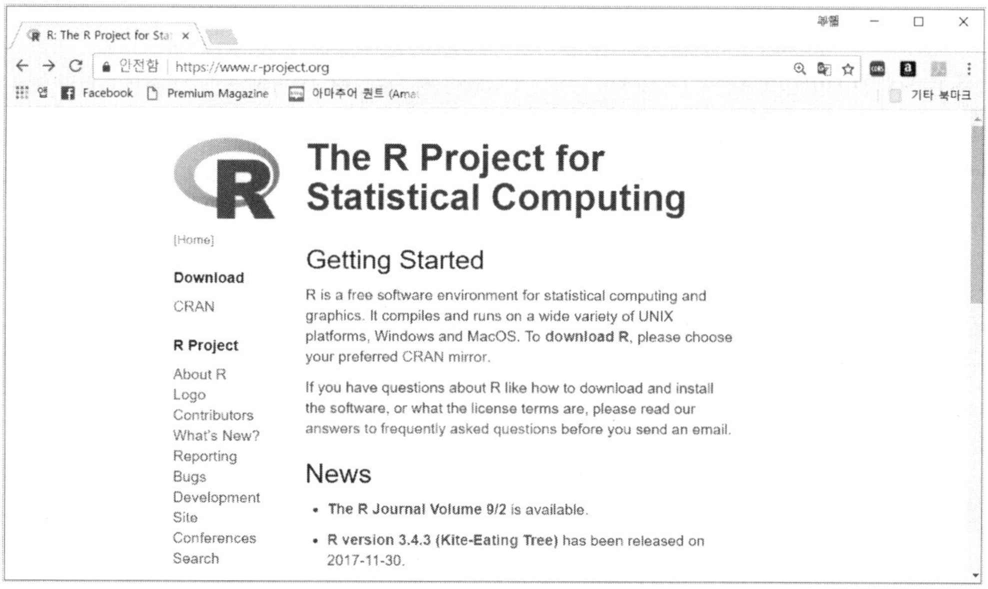

[그림 2-1] R 프로그램 설치(1)

단계2 R 홈페이지 화면의 왼쪽에 있는 Download의 CRAN을 선택한다. 그러면 아래와 같이 CRAN Mirrors가 나타난다. 총 47개 나라에서 R 관련 서비스를 제공하고 있는 122개의 서버 목록이 나타난다. 한 서버에 접속이 집중되는 것을 막기 위해서 서버를 분산시킨 것으로 보인다.

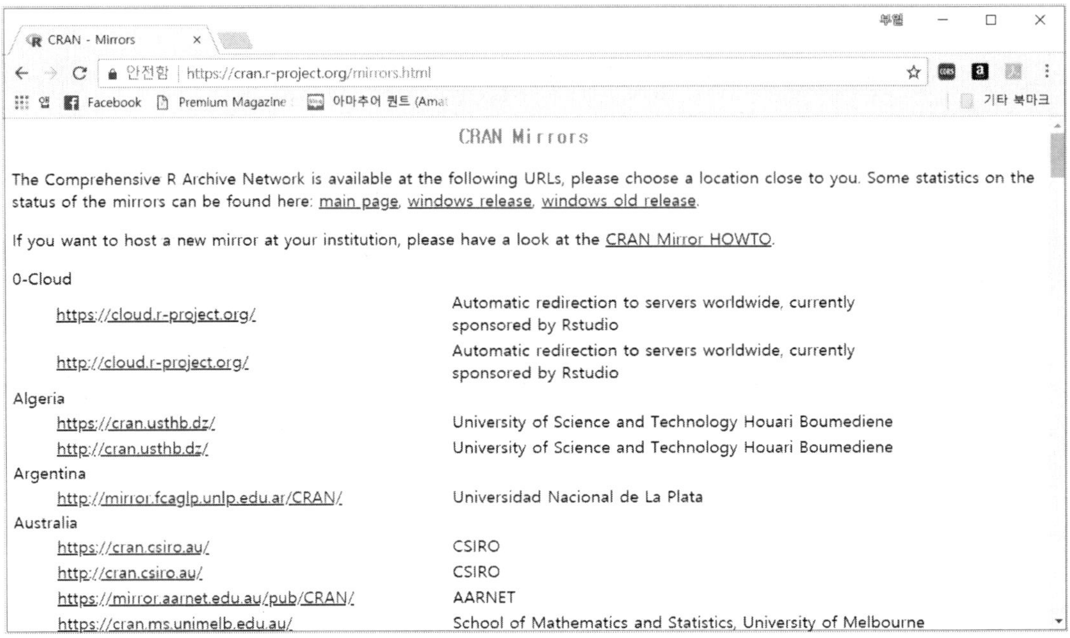

[그림 2-2] R 프로그램 설치(2)

단계3 CRAN Mirrors 중에서 Korea가 있으며, Korea에는 kt NexR이라는 회사, 서울대학교, 울산과학기술대학교로 총 3군데에서 R관련 서비스를 제공하고 있다. 여기서는 http://cran.nexr.com 을 선택한다.

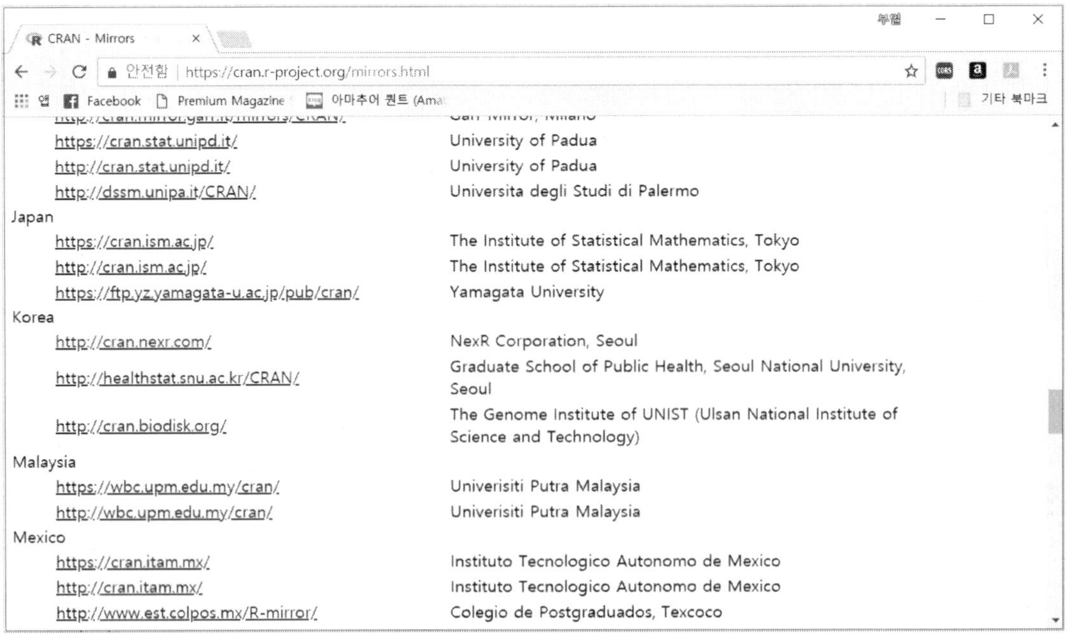

[그림 2-3] R 프로그램 설치(3)

단계4 컴퓨터의 운영체제(OS : Operating System)를 선택하는 것으로, 서버의 운영체제로 많이 사용되는 Linux, 애플에서 만든 컴퓨터에서 주로 사용하는 Mac, 마이크로소프트에서 만든 Windows가 있다. 여기서는 윈도우(Windows) 버전인 Download R for Windows를 선택한다.

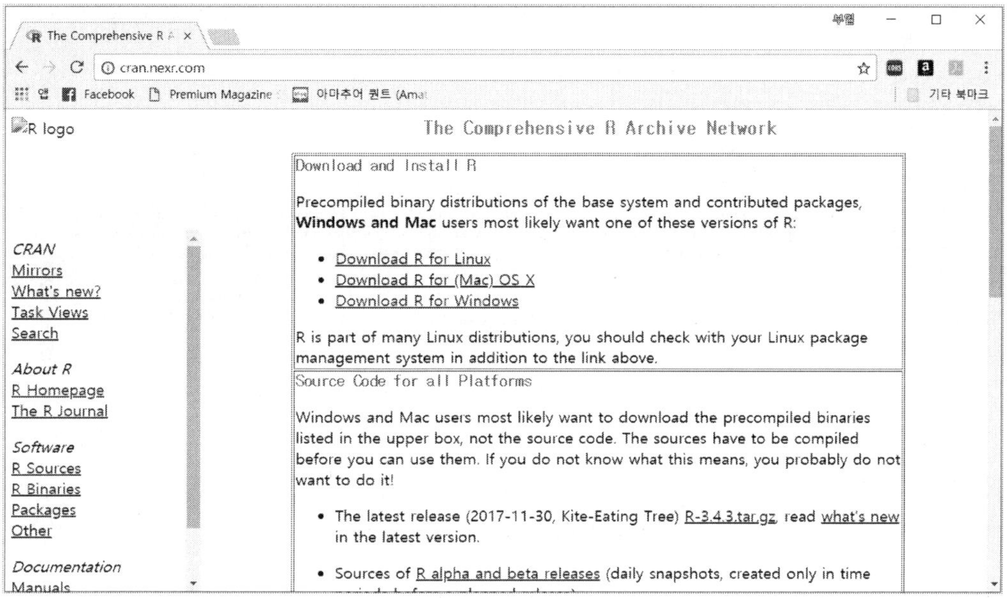

[그림 2-4] R 프로그램 설치(4)

단계5 R for Windows 화면에서 base를 선택한다.

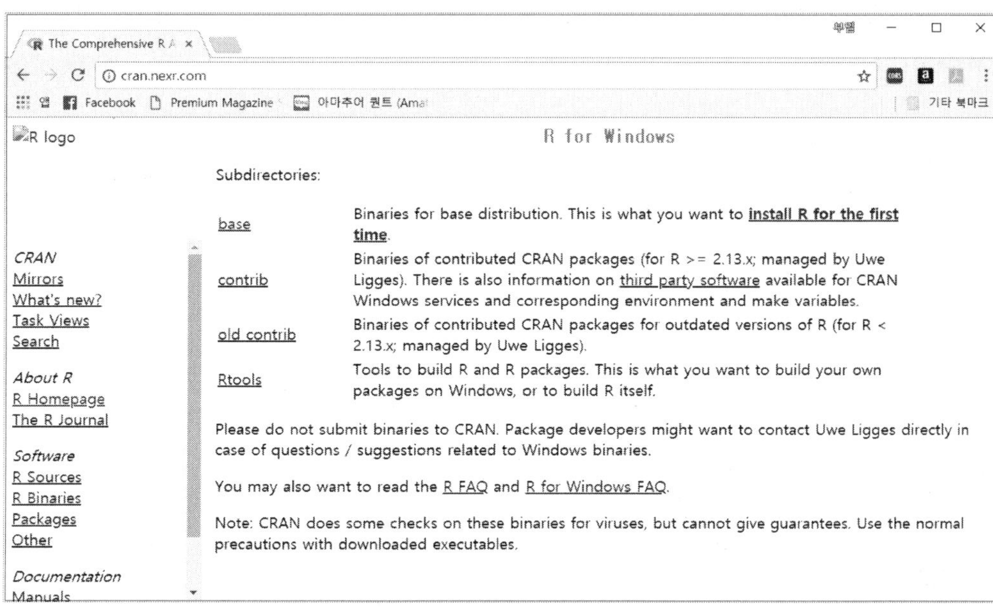

[그림 2-5] R 프로그램 설치(5)

단계6 현재(2018년 2월 9일 금요일) R의 최신 버전은 R-3.4.3이다. Download R 3.4.3 for Windows를 선택한다.

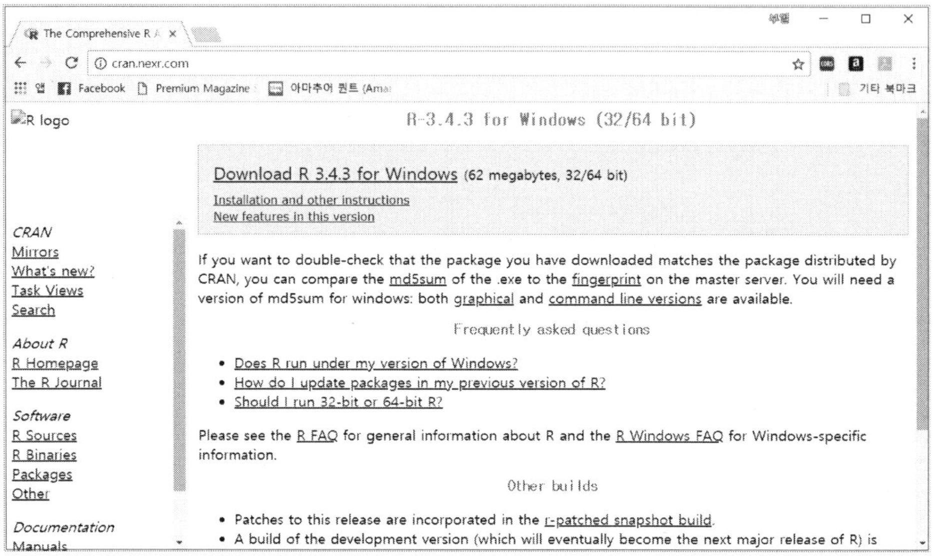

[그림 2-6] R 프로그램 설치(6)

R 프로그램의 메모리 크기는 62메가바이트(MB)이며, 32비트와 64비트를 모두 지원하고 있다.

단계7 화면 하단의 왼쪽을 보면 R 프로그램이 다운로드 중임을 알 수 있다. 다운로드가 다 되면 실행을 한다.

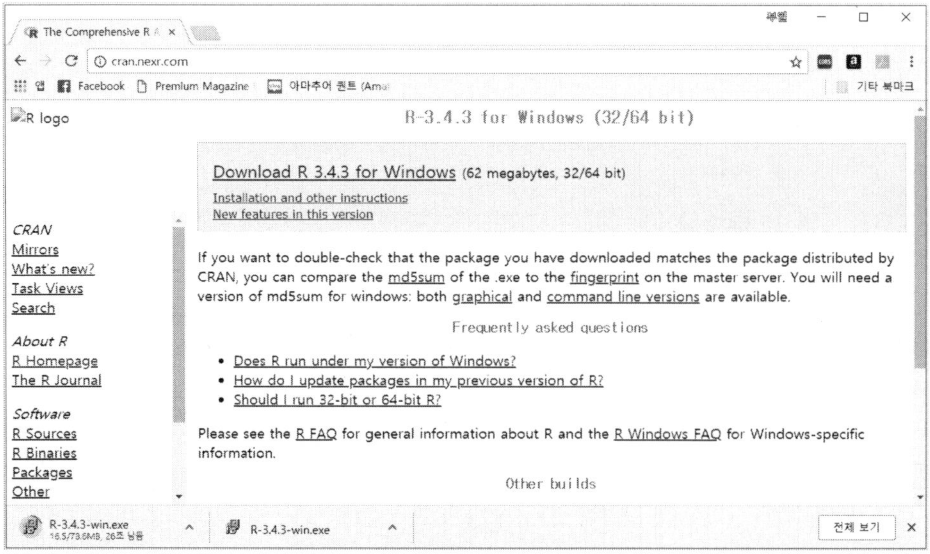

[그림 2-7] R 프로그램 설치(7)

단계8 설치 언어 선택화면의 확인 버튼을 선택한다.

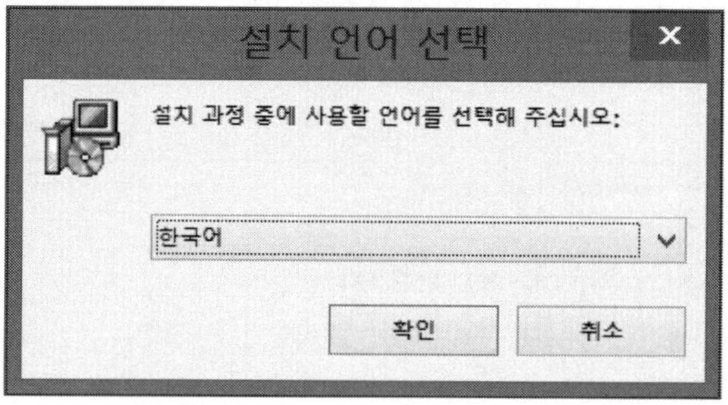

[그림 2-8] R 프로그램 설치(8)

여기서 선택된 한국어는 RGUI라는 화면에서의 메뉴(menu)와 메시지(message)가 한글로 나타나는 기능을 한다.

단계9 설치 - R for Windows 3.4.3 화면에 있는 다음 버튼을 선택한다. 참고로 GNU General Public License와 관련된 내용이다.

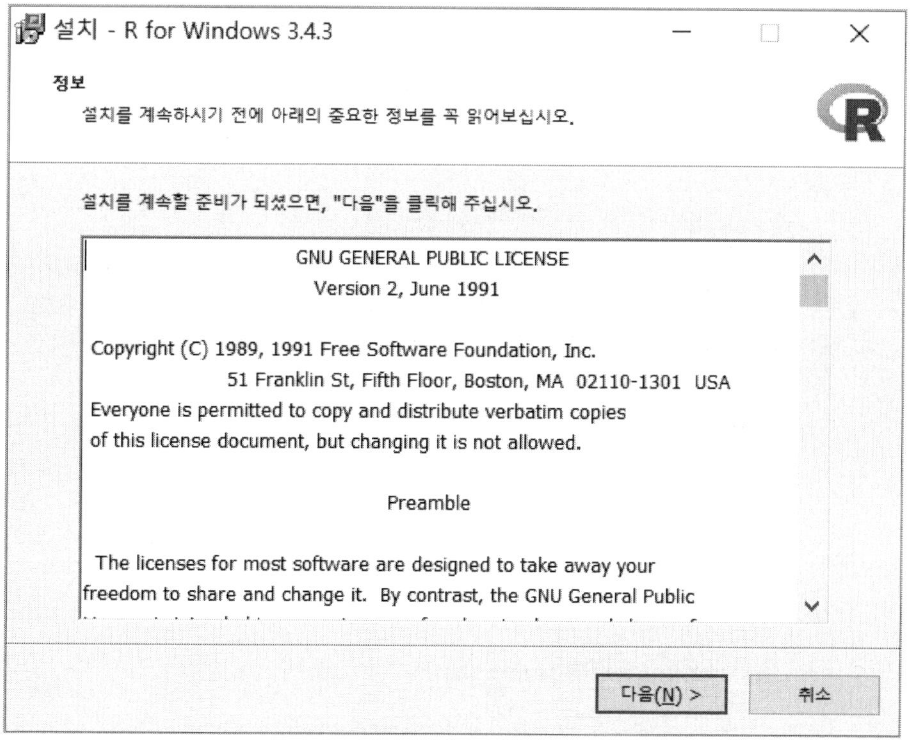

[그림 2-9] R 프로그램 설치(9)

단계10 R 프로그램이 설치된 위치를 『C:\Program Files\R\R-3.4.3』에서 『C:\R\R-3.4.3』으로 변경한다. 변경하는 이유는 폴더의 이름에 공백이 있고, 이것이 나중에 R을 사용하는 데 있어서 오류를 발생할 수 있기 때문이다.

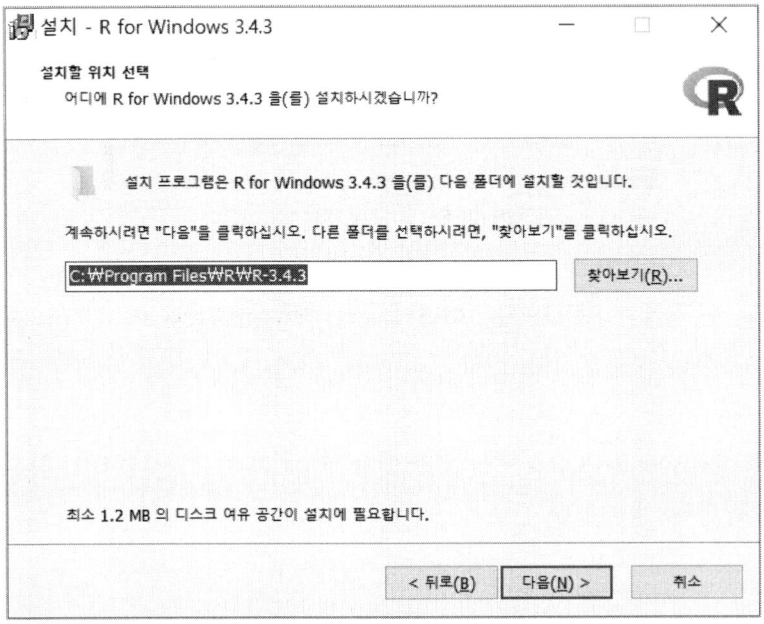

[그림 2-10] R 프로그램 설치(10)

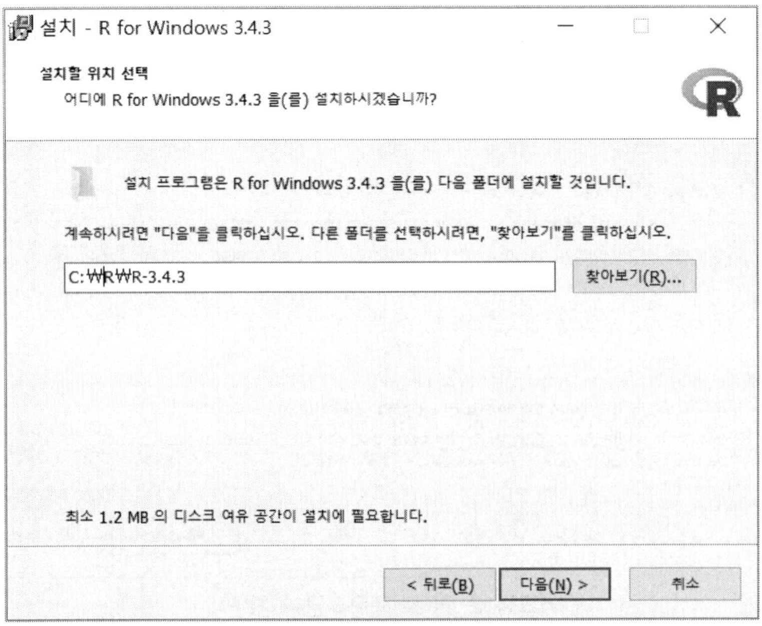

[그림 2-11] R 프로그램 설치(11)

단계11 설치 - R for Windows 3.4.3 화면에 있는 다음 버튼을 선택한다.

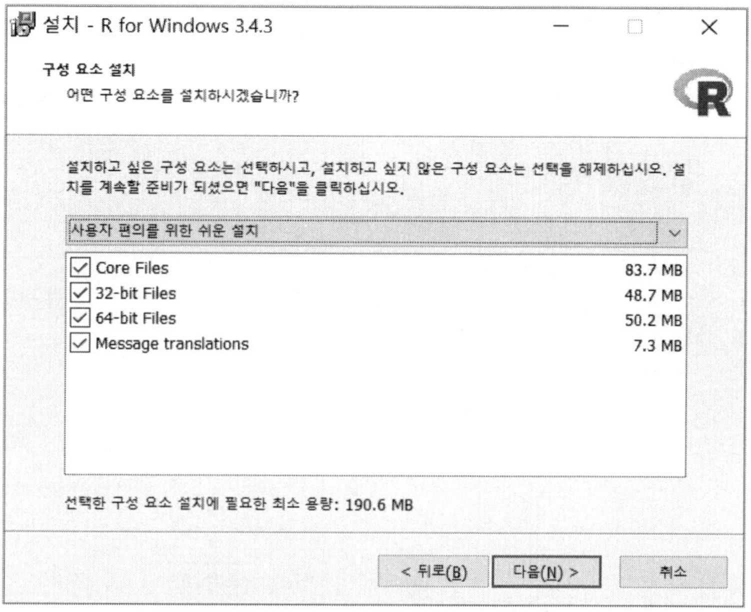

[그림 2-12] R 프로그램 설치(12)

단계12 모두 체크한다. 컴퓨터의 사양에 따라 64비트가 지원되지 않을 수도 있다. Message translation은 R 프로그램 화면의 메뉴나 메시지가 기본으로는 한글로 설정되어 있다. 이것을 다른 언어로 변경할 수 있도록 지원해 주는 기능이다. 다음 버튼을 선택한다.

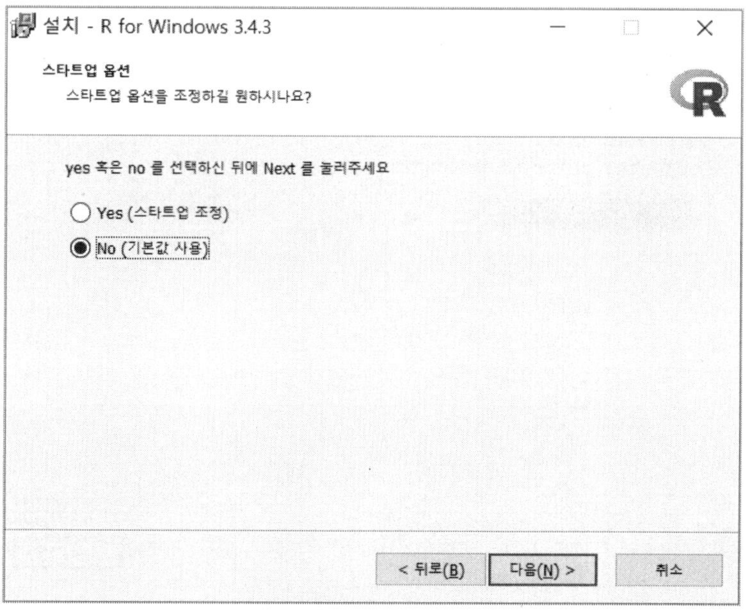

[그림 2-13] R 프로그램 설치(13)

단계13 설치 - R for Windows 3.4.3 화면에 있는 다음 버튼을 선택한다.

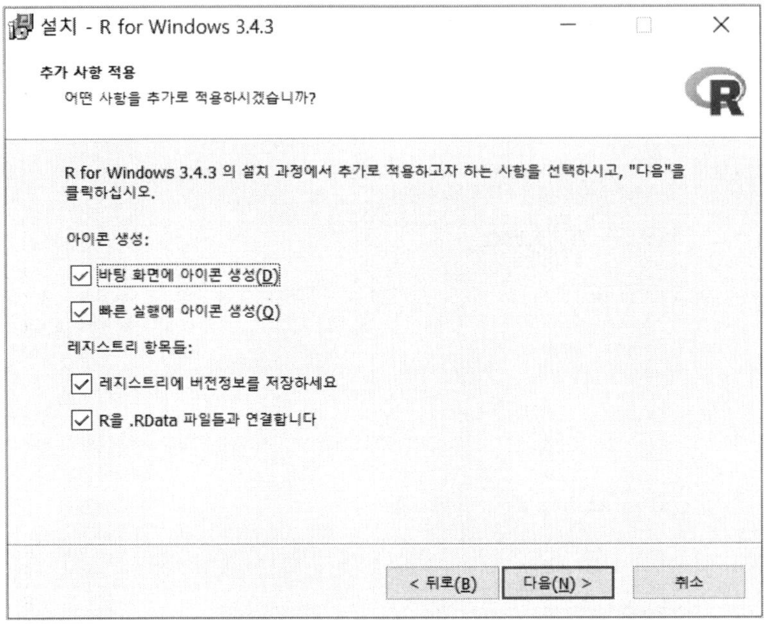

[그림 2-14] R 프로그램 설치(14)

단계14 설치 - R for Windows 3.4.3 화면에 있는 다음 버튼을 선택한다. 아래와 같이 R프로그램이 설치가 된다.

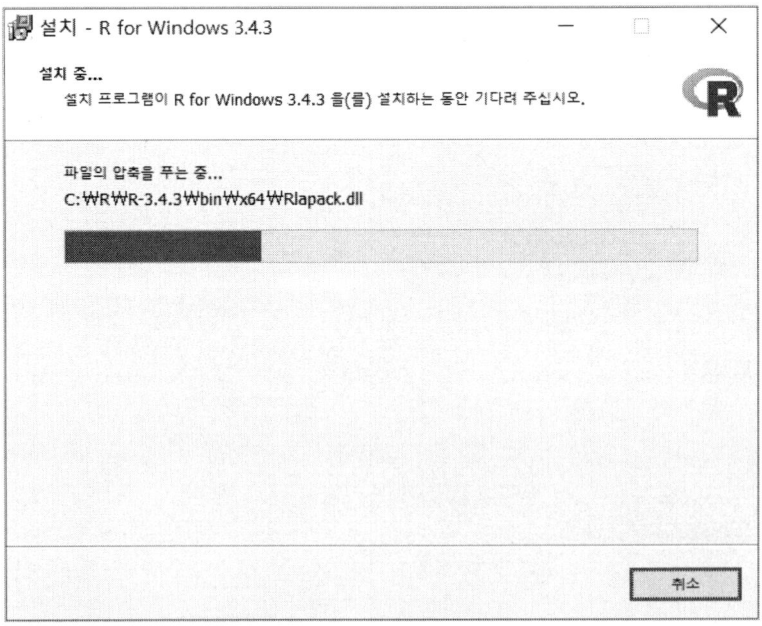

[그림 2-15] R 프로그램 설치(15)

단계15 설치 - R for Windows 3.4.3 화면에 있는 완료 버튼을 선택한다.

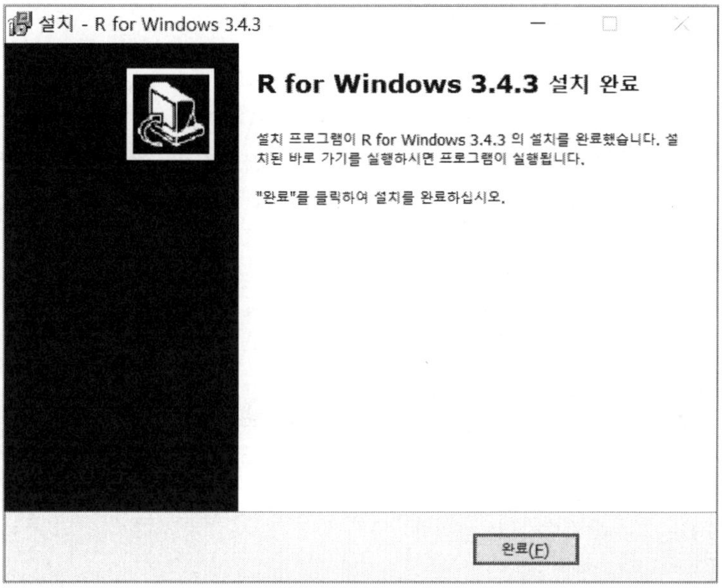

[그림 2-16] R 프로그램 설치(16)

R 프로그램의 설치가 완료되었고, 바탕화면에 R 프로그램의 아이콘이 생긴다.

2.2 RGUI 화면 설정하기

바탕화면에 있는 R 프로그램 아이콘을 더블클릭하면 RGui 화면이 실행된다. 이 화면 자체가 R이 아니고, R 프로그램을 설치하면 기본으로 제공하는 화면으로 R을 작동하기 위한 기능을 제공한다.

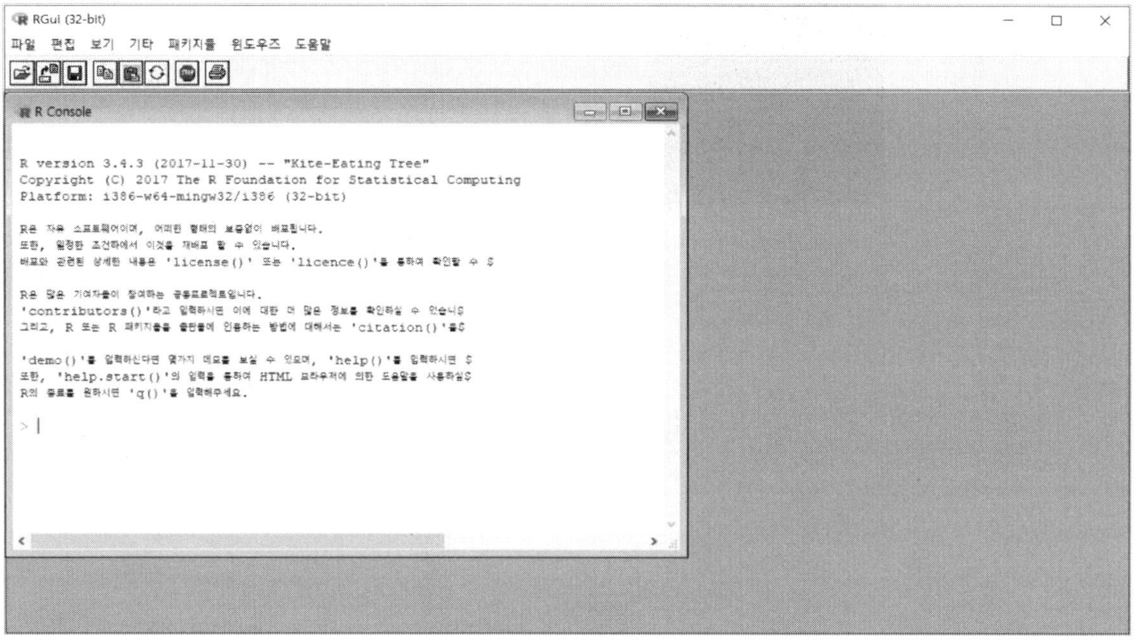

[그림 2-17] RGUI 화면

RGui 화면은 메뉴, 도구모음, 콘솔(console) 등으로 구성되어 있다. 콘솔에는 빨간색 부등식 표시가 보이는데, 이것을 프롬프트(prompt)라고 하며, 이곳에 R의 문법에 맞게 명령어를 입력하고 엔터를 치면 해당 명령어가 실행된다. 문법에 맞지 않는 명령어를 실행하면 오류 메시지가 나오고, 결과에 문제가 발생할 가능성이 있으면 경고 메시지가 나온다. 수치 연산 등의 결과는 콘솔 화면에 나오며, 그래프를 작성하면 별도의 화면이 실행되어 그곳에 작성되고, 도움말을 실행하면 인터넷 브라우저 화면이 실행되어 R의 사용 방법에 대한 자세한 내용을 볼 수 있도록 해준다.

메뉴에서 『편집』 ⇒ 『GUI 설정』을 선택한다.

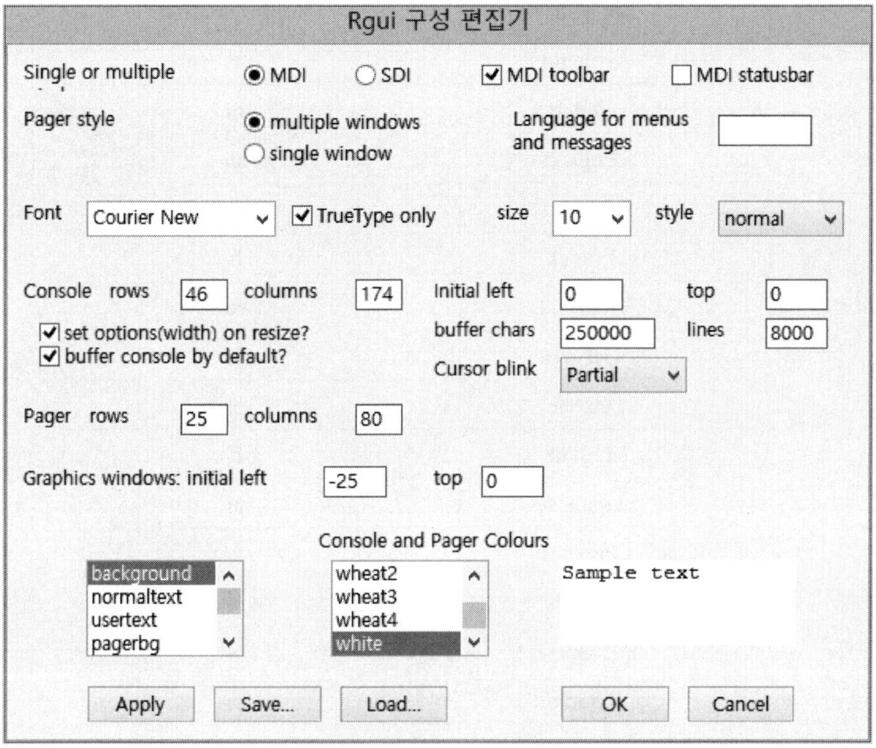

[그림 2-18] RGui 환경 설정

RGui 구성 편집기에서 자주 사용하는 내용은 다음과 같다.

(1) Language for menus and messages

RGui 화면의 메뉴, 오류 메시지, 경고 메시지의 언어(language)를 변경할 때 사용한다. 기본이 한글로 되어 있는데, 영어로 변경하고 싶으면 이곳에 en을 입력하면 된다. 다른 언어로 변경하고 싶으면 아래의 표를 참고하면 된다.

[표 2-1] RGui 언어 설정

Language	Representation
Armenian	hy
Dutch	nl
English	en
Esperanto	eo
French	fr
Georgian	ka
German	de
Greek	el
Italian	it
Japanese	ja
Persian	fa
Polish	pl
Portuguese	pt
Russian	ru
Spanish	es
Swedish	sv
Turkis	tr

[출처] http://en.wikipedia.org/wiki/ISO_639-1

참고로 RGui 화면의 언어를 변경하려면 다음과 같이 하면 된다.

- ✔ 메모장이나 나중에 설치할 RStudio를 <관리자 권한으로 실행>한다. 메모장보단 RStudio가 편집하기가 편하다.
- ✔ 메모장이나 RStudio에서 <파일 열기>를 한다.
- ✔ C:\R\R-3.4.3\etc\에 있는 Rconsole을 연다.
- ✔ 파일 내용 중에서 <language=en>으로 설정한다.

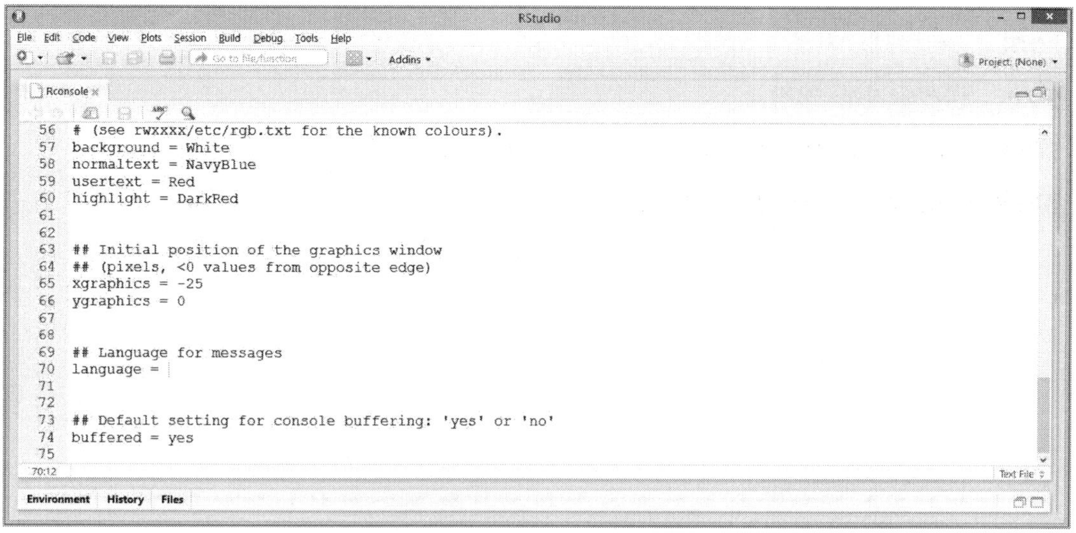

[그림 2-19] RGui의 언어 설정(1)

✔ 파일을 저장한다.

✔ 바탕화면에 있는 R 프로그램 아이콘을 더블클릭한다. 그러면 아래와 같이 메뉴와 메시지가 영어로 변경되었다.

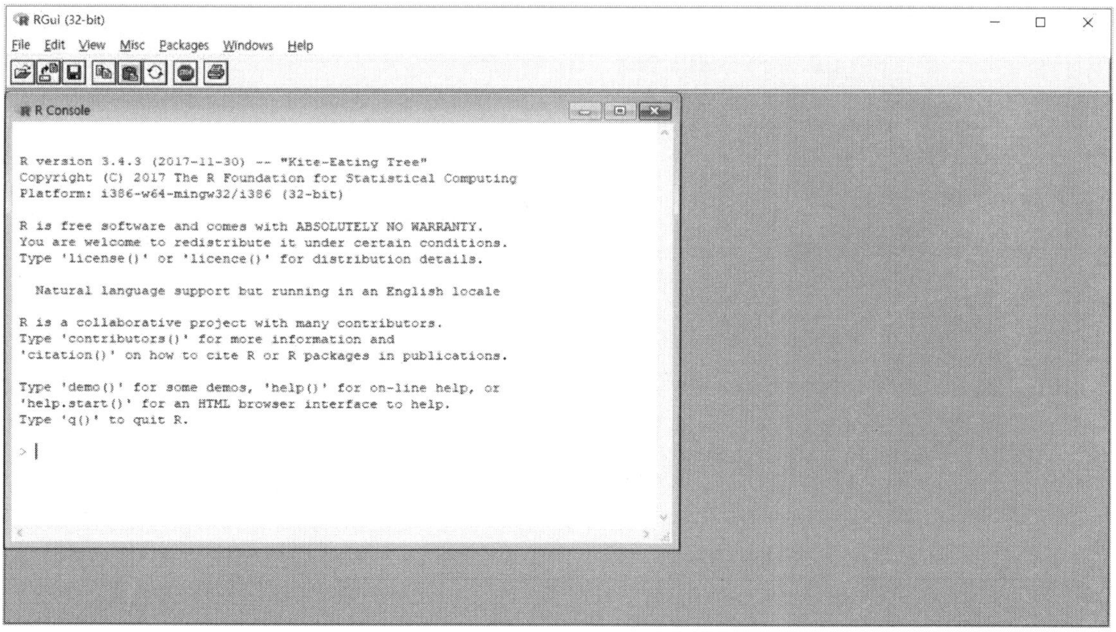

[그림 2-20] RGui의 언어 설정(2)

(2) **Font** : 글씨체를 지정

(3) **size** : 글씨크기를 지정

(4) **style** : 보통(normal), 진하게(bold), 이탤릭(italic)을 지정

(5) **background** : 배경화면의 색깔을 지정

참고문헌 및 추천 자료

[1] http://www.lucypark.kr/blog/2012/05/31/r-console-language-configuration/

R 프로그램의 중요한 특징을 살펴보고, R 프로그램을 학습할 수 있는 유용한 사이트와 현재까지 한국어로 번역된 도서들이나 한국어로 저술된 도서들의 목록을 살펴본다.

RStudio 프로그램 설치하기

3.1 RStudio 프로그램 설치하기
3.2 RStudio 프로그램 실행하기
3.3 RStudio 프로그램의 환경 설정하기

학습목표

- R 프로그램의 중요한 특징을 파악할 수 있다.
- R 프로그램을 학습할 수 있는 유용한 사이트를 알 수 있다.
- R 프로그램을 학습할 수 있는 도서 목록을 알 수 있다.

주요 용어

로버트 젠틀맨, 로스 이하카, Open source, OS, 패키지(package)

RStudio 프로그램은 R을 사용하는 데에 편리하고 유용한 기능을 제공하며, R과 동일하게 open source 버전과 상용 버전 두 가지가 있다. 여기서는 open source 버전으로 개인이나 기관에서 무료로 사용 수 있는 것을 설치한다. RStudio는 명령어를 직접 입력하는 방식으로 작동된다.

3.1 RStudio 설치하기

RStudio 프로그램을 설치하기 전에 주의해야 할 사항이 있다. 이 사항은 R 프로그램을 설치하기 전에도 동일하게 반영하길 바란다. 아래의 상황을 고려하지 않고 RStudio를 설치하면 그래프를 작성하거나 새로운 기능을 추가할 때 에러(error)를 유발한다.

- ✔ 컴퓨터의 이름은 한글로 하지 않고 영어로 하며, 특수 문자나 공백을 사용하지 않는다.
- ✔ 사용자 이름도 한글로 하지 않고 영어로 하며, 특수 문자나 공백을 사용하지 않는다.
- ✔ 파일을 저장하는 폴더 이름도 한글로 하지 않고 영어로 하며, 특수 문자나 공백을 사용하지 않는다.

단계1 www.rstudio.com에 접속한다.

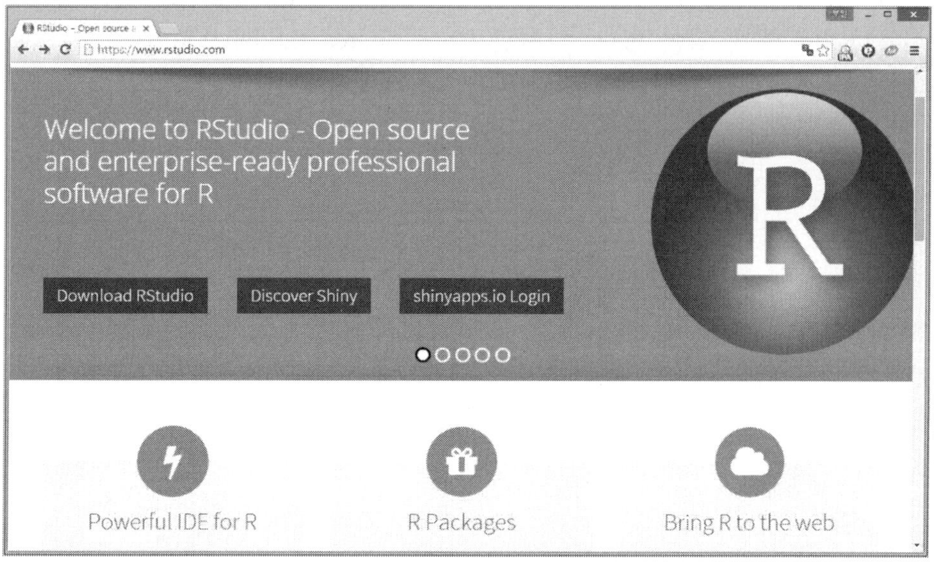

[그림 3-1] RStudio 프로그램 설치(1)

단계2 RSTUDIO DESKTOP을 선택한다.

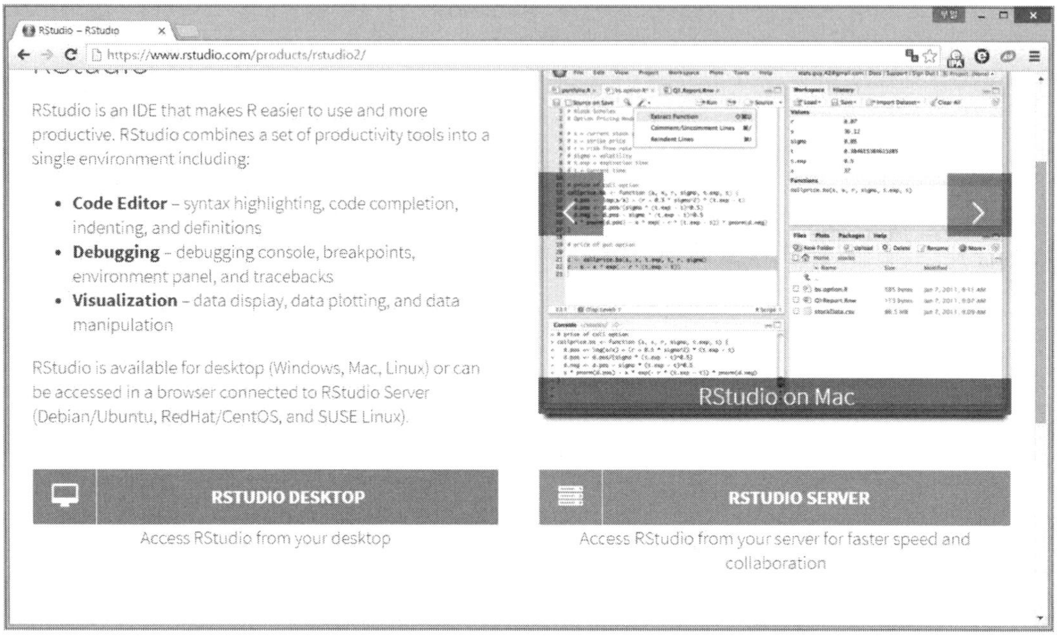

[그림 3-2] RStudio 프로그램 설치(2)

Desktop용 RStudio는 Open Source Edition과 Commercial License가 있다. Open Source Edition은 개인이나 기관에서 무료로 사용할 수 있는 것이고, Commercial License는 매년 995달러의 라이센스 비용을 지불해야 한다. 라이센스를 지불하는 만큼 Open Source Edition보다 사용하기에 좋게 되어 있다. 하지만 Open Source Edition으로 해도 손색이 없다.

단계3 DOWNLOAD RSTUDIO DESKTOP OPEN SOURCE를 선택한다.

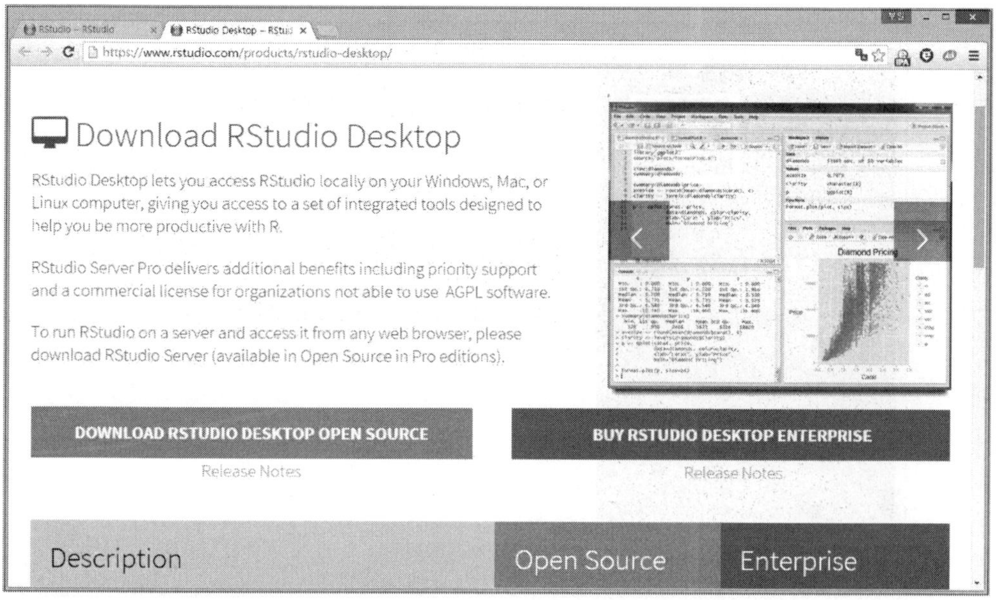

[그림 3-3] RStudio 프로그램 설치(3)

단계4 아래와 같이 RStudio 프로그램이 다운로드 된다. 다운로드가 다 되면 화면의 아래쪽에 있는 실행 버튼을 선택한다.

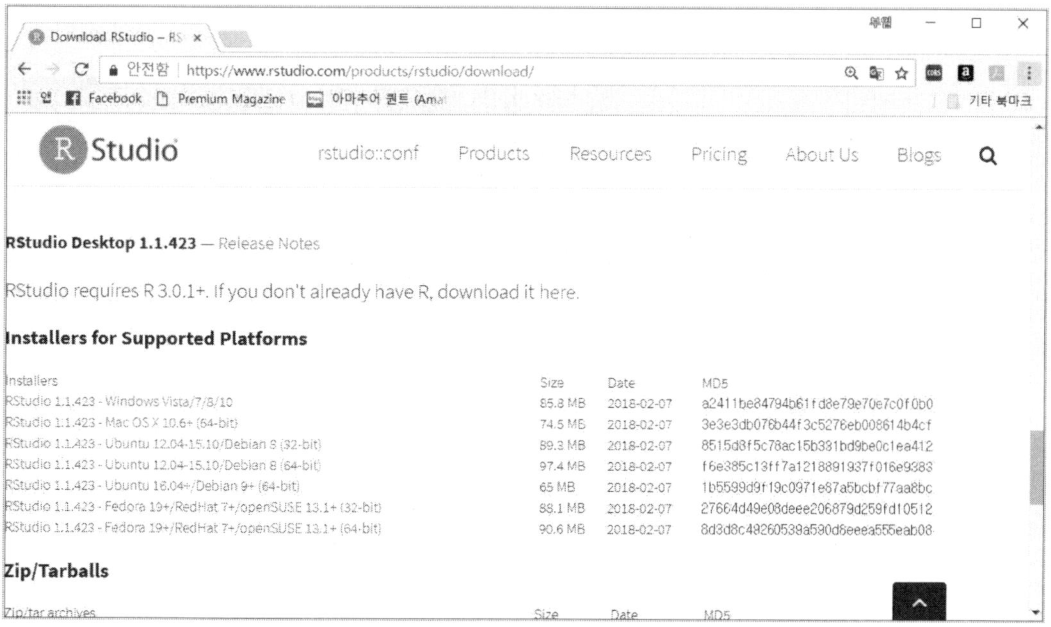

[그림 3-4] RStudio 프로그램 설치(4)

단계5 RStudio 설치 화면에 있는 다음 버튼을 선택한다.

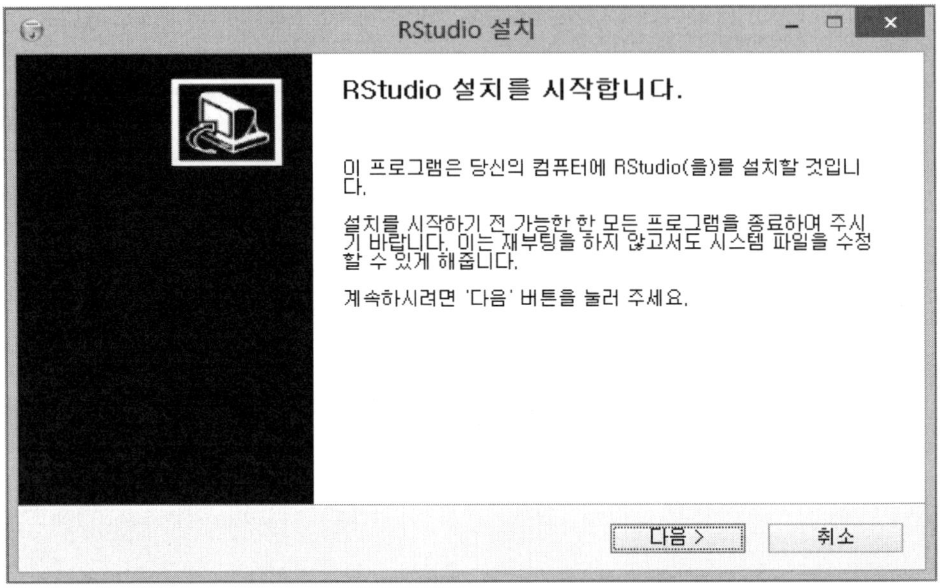

[그림 3-5] RStudio 프로그램 설치(5)

단계6 RStudio 설치가 설치되는 위치를 『C:\Program Files\RStudio』에서 『C:\RStudio』로 수정한다. 이렇게 수정하는 이유는 나중에 RStudio를 사용할 때에 에러(error)를 발생할 수 있기 때문이다.

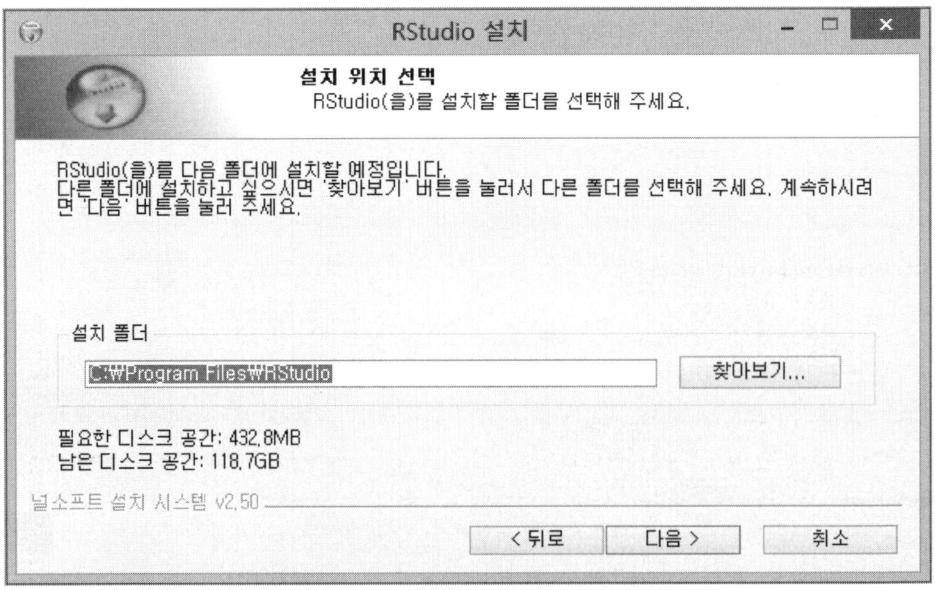

[그림 3-6] RStudio 프로그램 설치(6)

단계7 RStudio 설치 화면에 있는 다음 버튼을 선택한다.

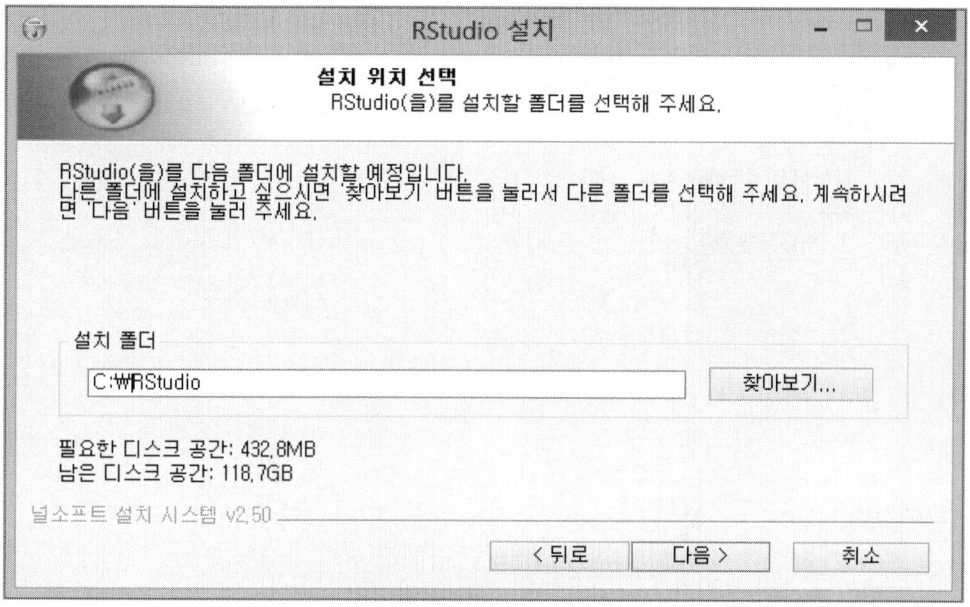

[그림 3-7] RStudio 프로그램 설치(7)

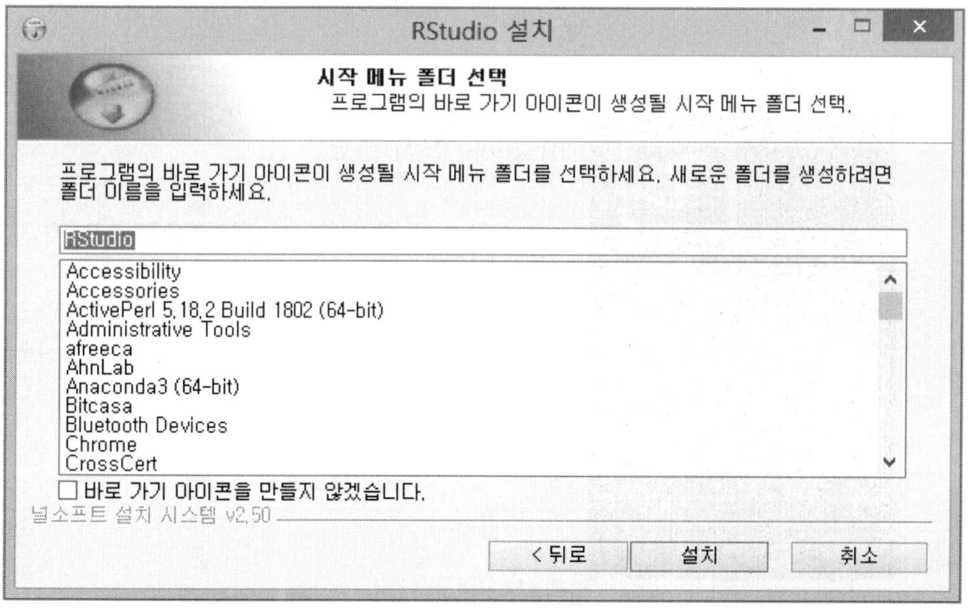

[그림 3-8] RStudio 프로그램 설치(8)

단계8 RStudio 설치 화면에 있는 설치 버튼을 선택한다.

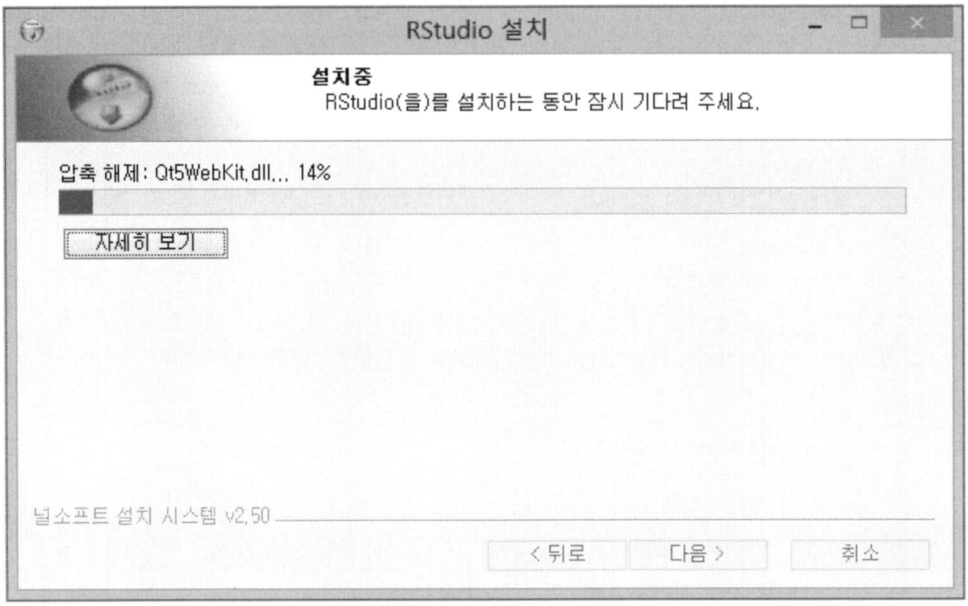

[그림 3-9] RStudio 프로그램 설치(9)

단계9 RStudio 설치 화면에 있는 마침 버튼을 선택한다. RStudio 프로그램 설치가 완료되었다.

[그림 3-10] RStudio 프로그램 설치(10)

3.2 RStudio 프로그램 실행하기

단계1 『시작 메뉴』 ⇒ 『RStduio 폴더』 ⇒ 『RStduio 아이콘』을 선택한다.

[그림 3-11] RStudio 프로그램 실행하기(1)

단계2 마우스 오른쪽 버튼을 선택한다.

단계3 『보내기』 ⇒ 『바탕 화면에 바로 가기 만들기』를 선택한다.

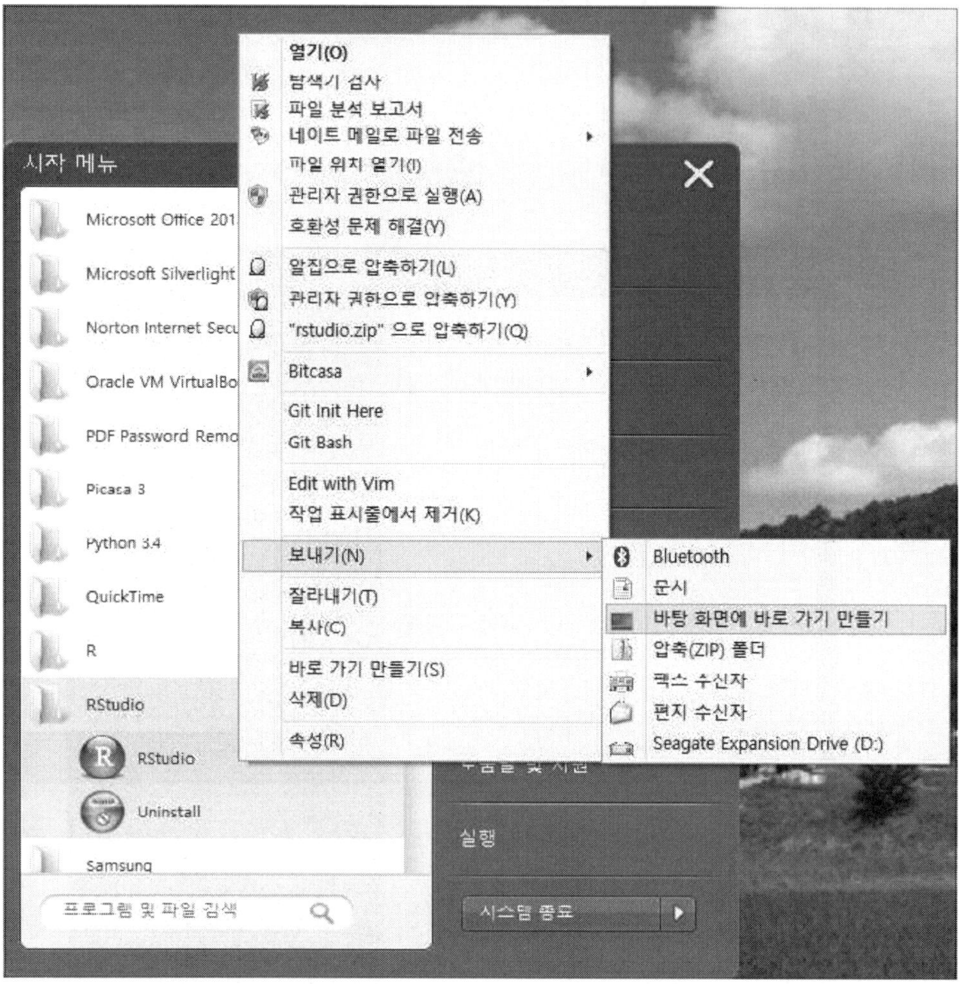

[그림 3-12] RStudio 프로그램 실행하기(2)

단계4 바탕화면에 RStudio 아이콘이 생겼다. 이 아이콘을 왼쪽 마우스 버튼으로 더블클릭하면 RStudio 프로그램이 실행된다.

참고로 RStudio를 실행할 때에는 항상 관리자 권한으로 실행하는 것이 좋다. 이것을 설정하는 방법은 다음과 같다.

- ✔ 윈도우 탐색기를 실행하여 C:\RStudio\bin 폴더로 이동한다.
- ✔ RStudio 실행 파일(rstudio.exe)를 선택하고, 마우스 오른쪽 버튼을 선택한다.
- ✔ 속성을 선택한다.

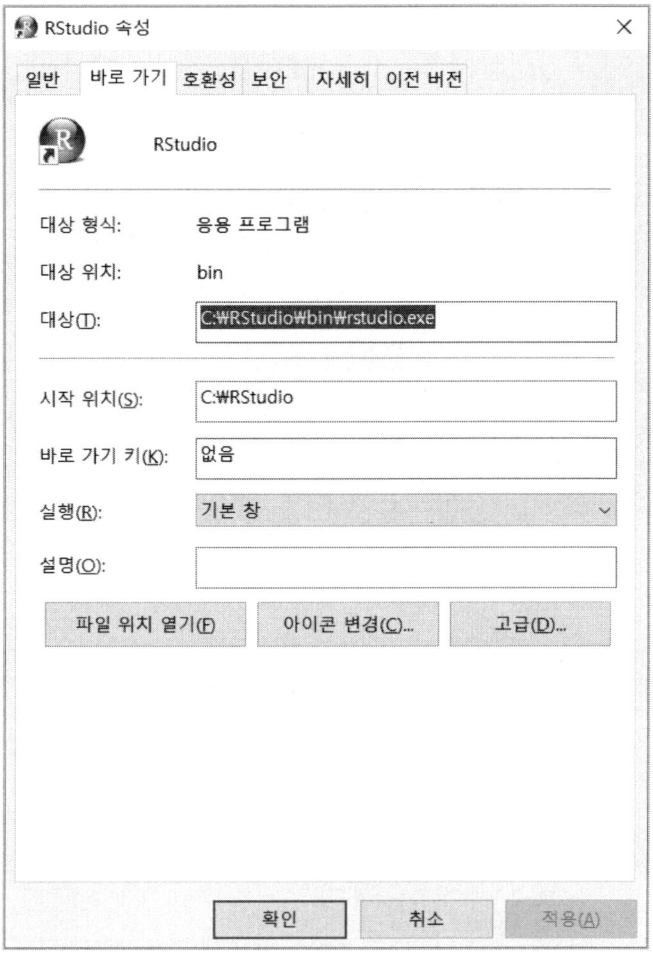

[그림 3-13] RStudio 관리자 권한으로 실행하기(1)

- ✔ 호환성 탭을 선택한다.
- ✔ 관리자 권한으로 이 프로그램 실행을 체크한다.

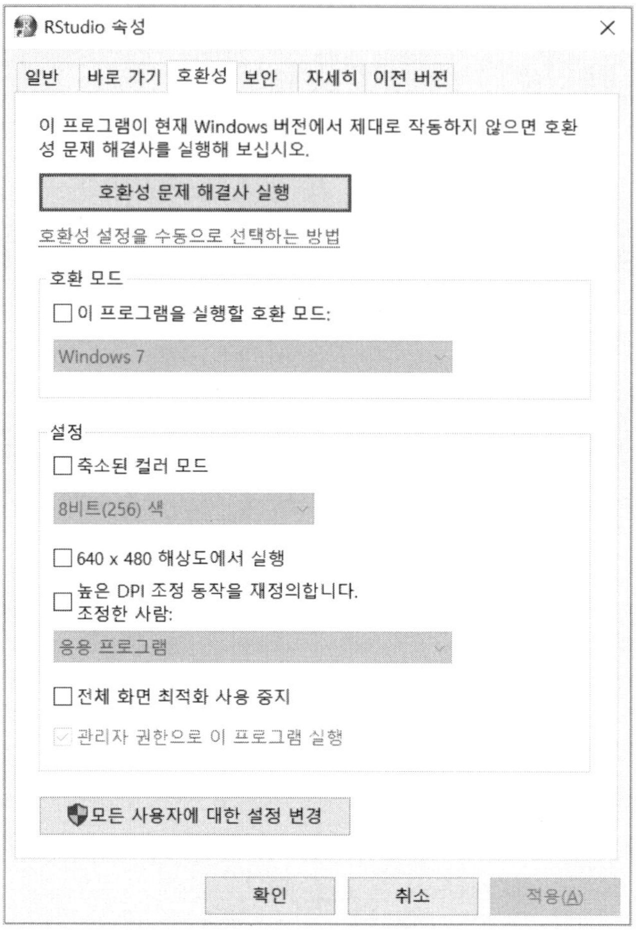

[그림 3-14] RStudio 관리자 권한으로 실행하기(2)

✔ 확인 버튼을 클릭한다. 그러면 이후부터 실행되는 RStudio 프로그램은 관리자 권한으로 실행된다.

3.3 RStudio 프로그램의 환경 설정하기

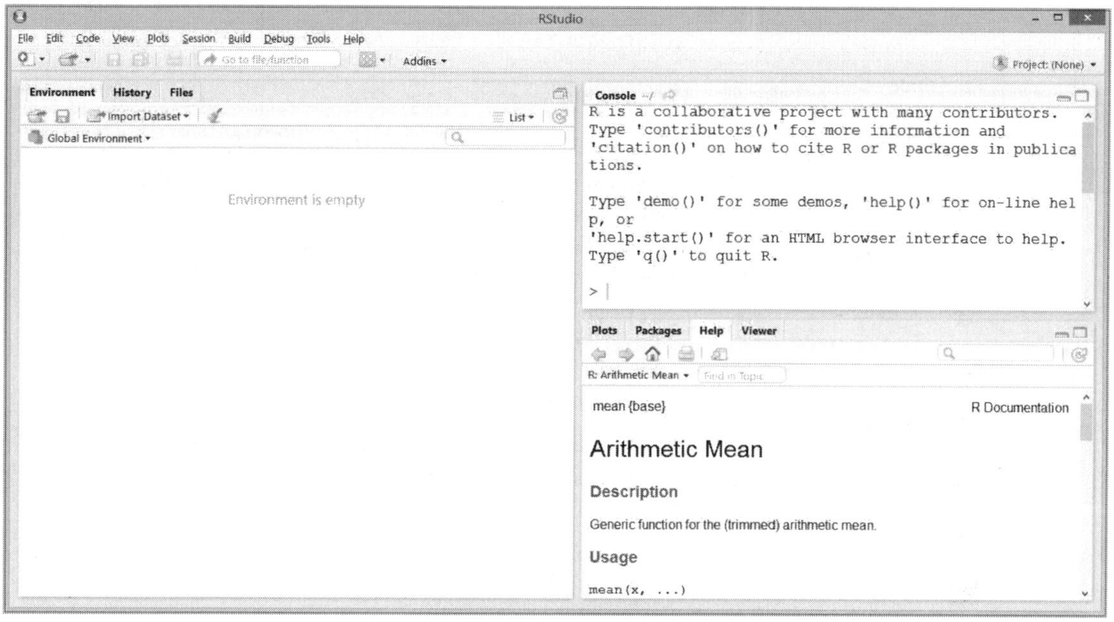

[그림 3-15] RStudio 화면

RStudio 프로그램의 화면은 기본으로 3개의 화면으로 구성되어 있다. 명령어를 입력하거나 연산의 결과를 보여주는 콘솔(console), 객체들을 보여주는 Environment, 도움말이나 그래프를 보여주는 Plot이다.

화면의 제일 위에는 메뉴가 있고, 메뉴 중에서 자주 사용하는 기능은 도구모음으로 만들어 놓았다.

단계1 RStudio 프로그램의 환경설정을 변경하려면 메뉴에서 『Tools』 ⇒ 『Global Options』을 선택한다.

환경설정(Options) 화면은 General, Code, Appearance, Pane Layout, Packages, Sweave, Spelling, Git/SVN, Publishing으로 구성되어 있고, 이 중에서 General, Code, Appearance, Pane Layout의 일부만 변경하는 것을 소개한다.

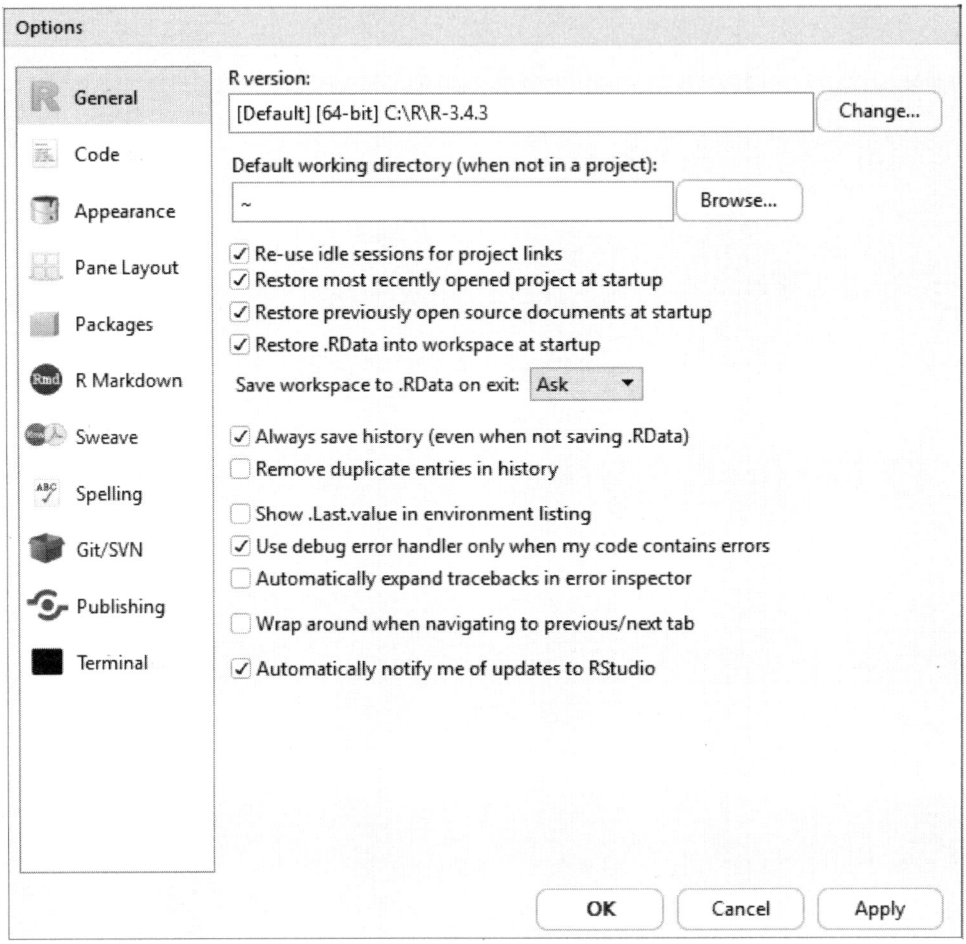

[그림 3-16] RStudio 화면 설정(1)

(1) General

✔ **R version** : 현재 설정된 R 프로그램의 버전으로 Change 버튼을 클릭하여 다른 버전으로 변경할 수 있다.

✔ **Default working directory** : 현재 설정된 작업공간(working directory)으로 데이터, 프로그램 등을 저장할 위치를 의미하며, Browse 버튼을 클릭하여 작업공간을 다른 위치로 변경할 수 있다.

(2) Code

code에는 Editing, Display, Saving, Completion, Diagnostics라는 5개의 탭이 존재한다.

[그림 3-17] RStudio 화면 설정(2)

- ✔ **Insert spaces for tab** : 탭(tab)을 눌렀을 때에 몇 개의 공백을 줄 것인지를 지정함.
- ✔ **Soft-wrap R sources files** : RStudio 프로그램은 하나의 화면에 몇 개의 작은 화면으로 구성되어 있고, 각 화면의 크기를 조절할 수 있다. 화면의 크기를 조절하면 script에 있는 R 프로그램 명령어들이 다른 화면에 가려지는 현상이 발생한다. 이 부분을 체크하면 다른 화면에 의해서 내용이 가려지는 현상을 방지할 수 있다. 즉 화면이 작아지면 프로그램의 내용들이 다른 줄에 있는 것처럼 이동해서 보여준다.

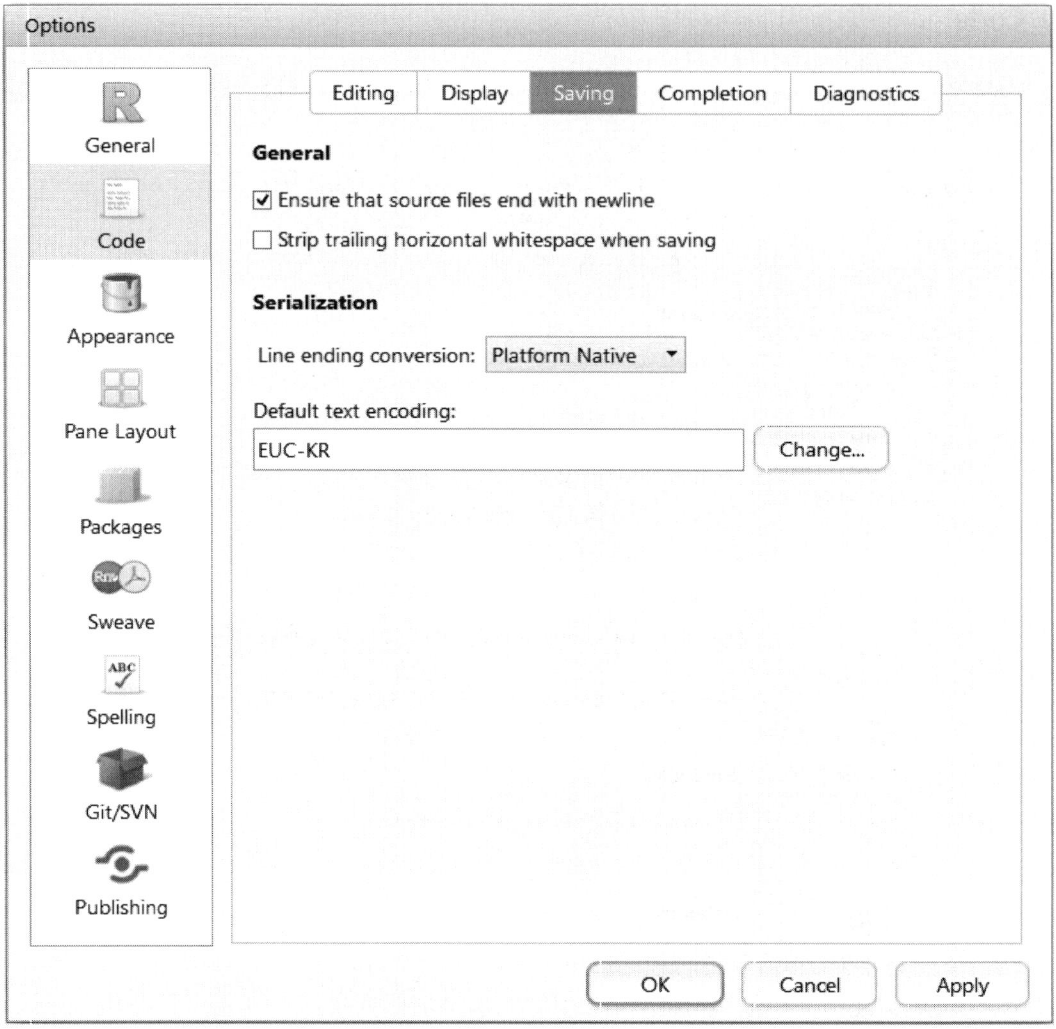

[그림 3-18] RStudio 화면 설정(3)

✔ **Default text encoding** : R 프로그램을 짤 수 있는 script에서 한글이 지원할 수 있도록 인코딩(encoding) 방식을 지정할 수 있다. 주로 주석(comment)으로 많이 사용되는 한글이 깨지지 않고 지원할 수 있도록 하기 위해서는 Change 버튼을 클릭하여 EUC-KR이라는 인코딩 방식으로 변경하면 된다.

(3) Appearance

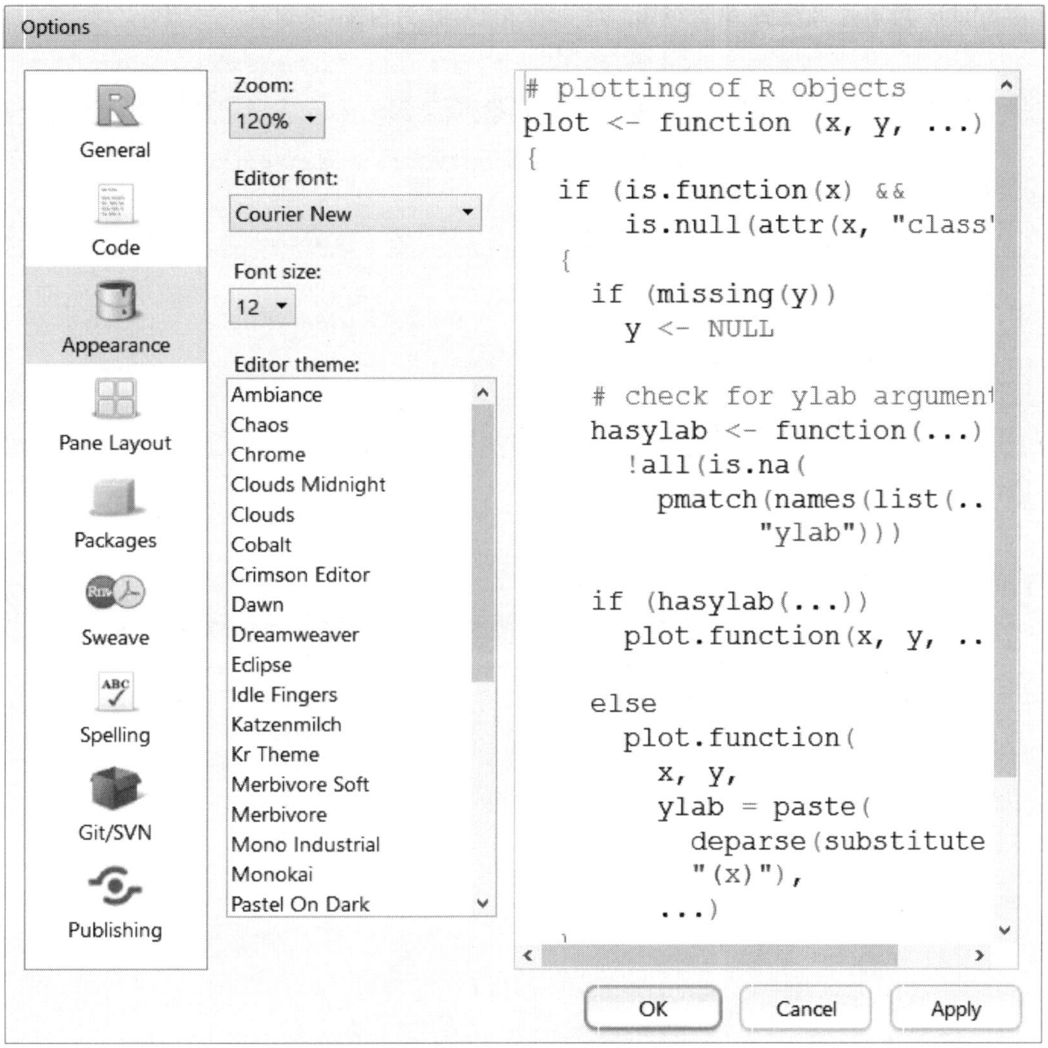

[그림 3-19] RStudio 화면 설정(4)

- ✔ **Zoom** : RStudio 화면의 크기 비율을 확대할 수 있다.
- ✔ **Editor font** : 글씨체를 변경할 수 있다.
- ✔ **Font size** : 글씨크기를 변경할 수 있다.
- ✔ **Editor theme** : script의 배경화면, 예약어 글씨체, 색깔 등을 다양하게 변경할 수 있다.

(4) Pane Layout

RStudio 화면을 4개로 분할하며, 각각의 화면의 위치를 조정할 수 있다.

[그림 3-20] RStudio 화면 설정(5)

- ✔ **Source** : R 프로그램을 짤 수 있는 script 화면
- ✔ **Console** : R 명령어를 실행하거나 연산 등의 결과를 출력하는 화면
- ✔ **Environment, History, Files, Build** : 생성된 R의 객체들을 보여주는 화면
- ✔ **Plots, Package, Help, Viewer** : 그래프, 패키지, 도움말 등을 보여주는 화면

RStudio 화면에 대한 환경 설정에 대한 더 자세한 정보를 원하는 사람은 Mark van der Loo가 저술한 《Learning RStudio for R Statistical Computing》 원서의 번역본인 《RStudio 따라잡기》(2013, 에이콘출판사)를 참조하면 된다.

참고문헌 및 추천 자료

[1] RStudio 따라잡기, Mark van der Loo, 에이콘출판사(2013)

[2] https://support.rstudio.com/hc/en-us/articles/200549016-Customizing-RStudio

R의 기본적인 문법과 데이터 유형에 대한 내용을 학습한다.

R 사용법

4.1 R의 기본 사용법
4.2 R의 데이터 유형

학습목표

- R의 기본 문법을 이해할 수 있다.
- R의 데이터 유형을 이해할 수 있다.

주요 용어

산술 연산자, 비교 연산자, 할당 연산자, 논리 연산자, 수학함수, 데이터 유형

RStudio 프로그램을 이용하여 R의 기본적인 문법과 데이터의 유형을 학습한다. R에서는 콘솔(console)에도 명령어를 입력하여 실행할 수 있지만 가능하면 스크립트(script)를 이용하여 명령어를 실행하고 저장하는 것이 좋다. 여기서는 RStudio에서 제공하는 스크립트를 기준으로 설명한다.

4.1 기초 사용법

✔ **#**

주석(comment)의 기능으로 프로그램 전반적인 내용, 명령어의 내용 등이 무엇을 의미하는지 알 수 있도록 사용자가 설명을 달아주는 기능이다. # 뒤에 있는 한 줄이 주석으로 처리되며 R에서 지정된 문법을 검사하지 않는다. 단 한 줄만 주석으로 처리되므로 다른 줄도 하고 싶으면 해당 줄 앞에 #를 써주어야 한다.

✔ **;**

세미콜론은 하나의 명령어가 끝났음을 알려주는 기능이다. 하지만 한 줄에 하나의 명령밖에 없으면 세미콜론을 하지 않아도 명령어가 끝났음을 인식한다.

✔ **Enter**

다음 줄로 이동할 때 사용한다.

✔ **Ctrl + Enter**

R의 명령어를 실행하는 기능이다. 명령어가 한 줄인 경우 마우스의 위치는 해당 줄의 아무 곳에 있어도 상관이 없다. 명령어가 두 줄 이상인 경우에는 반드시 해당 명령어가 있는 곳을 블록으로 잡고 실행시켜야 한다.

✔ **Shift + Enter**

함수를 사용할 때 함수에 들어가는 값을 argument라고 한다. 함수 안에 들어가는 argument가 많아지면 하나의 명령어가 길게 표현된다. 그러면 명령어를 이해하는 데에 불편함이 있다. Shift + Enter를 하면 동일한 위치에 다른 argument가 올 수 있도록 해준다.

✔ 대소문자

R은 대소문자를 구별한다. 이것은 "case sensitive하다"라고 표현한다. 소문자 x와 대문자 X는 전혀 다른 것을 의미하기 때문에 주의하기 바란다.

RStudio 프로그램의 메뉴에서 File → New File → R Script를 선택한다.

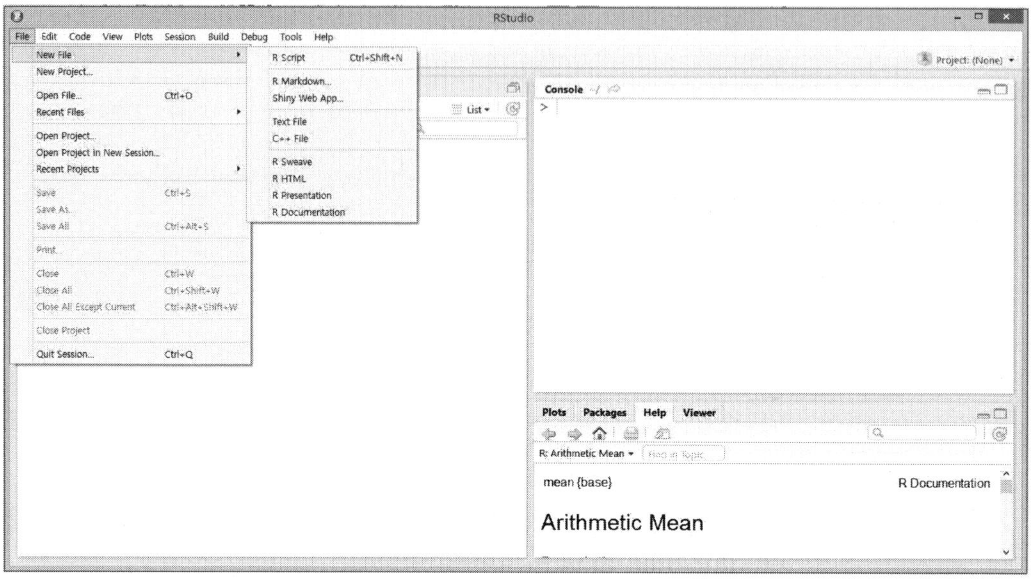

[그림 4-1] R Script 실행하기

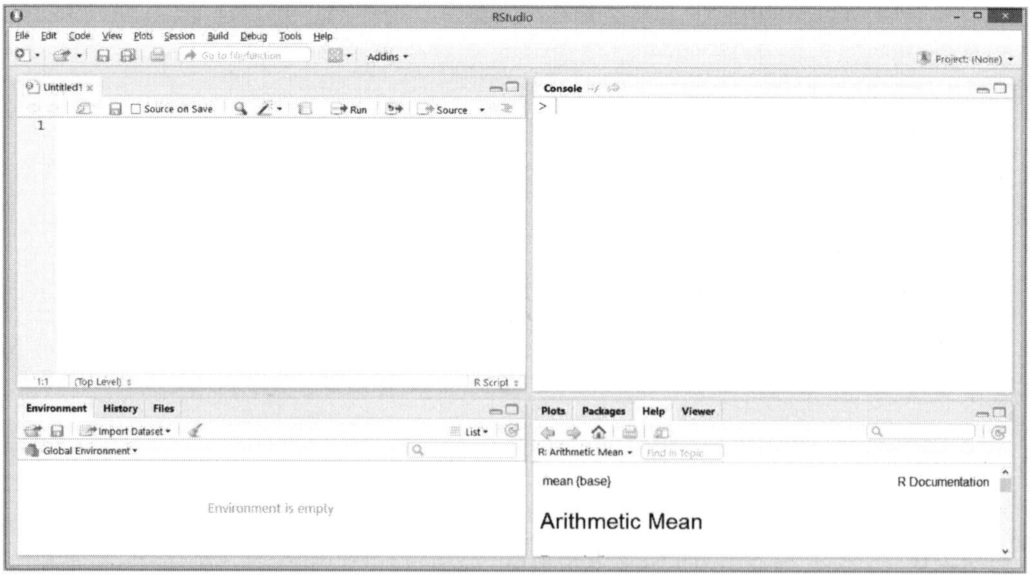

[그림 4-2] R Script 화면

[그림 4-2]의 상단의 왼쪽에 있는 화면이 R Script 화면이다. 이곳에 R의 문법에 맞게 명령어를 입력하고 실행하면 된다.

(1) 산술 연산자

산술 연산자(Arithmetic Operator)는 1개 이상의 수치에 대한 연산으로 더하기, 빼기, 곱하기, 나누기, 거듭제곱, 몫, 나머지를 구할 수 있다. 산술 연산자의 우선순위는 괄호(( ))가 가장 높고, 다음으로 거듭제곱(^, **), 그 다음으로 곱하기와 나누기(*, /)이고, 마지막으로 더하기와 빼기(+, −)이다. 곱하기와 나누기는 우선순위가 동일하고, 더하기와 빼기도 동일하다. 동일한 우선순위를 가지는 산술 연산자가 나열되어 있다면 왼쪽이 오른쪽보다 우선순위를 먼저 갖게 된다.

[표 4-1] 산술 연산자

연산자	설명	입력내용	결과 내용
+	더하기	11 + 3	14
−	빼기	11 − 3	8
*	곱하기	11 * 3	33
/	나누기	11 / 4	2.75
**	거듭제곱	11 ** 3	1331
^	거듭제곱	11 ^ 3	1331
%/%	몫	11 %/% 3	3
%%	나머지	11 %% 3	2

아래의 그림처럼 R Script에 [표 4-1]에 있는 입력내용을 쓰고 한 줄씩 실행하든가, 전체를 블록 잡고 실행해도 된다.

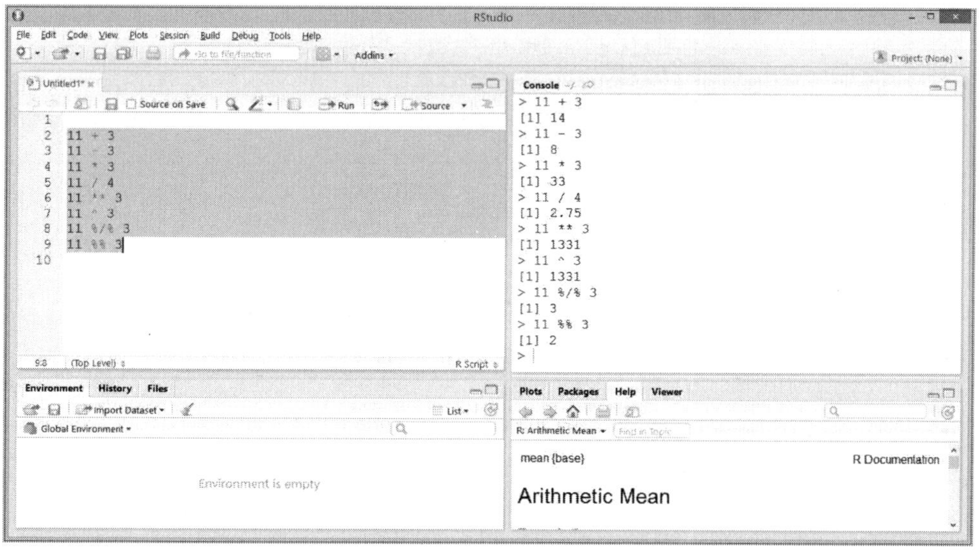

[그림 4-3] 산술 연산자

(2) 비교 연산자

비교 연산자(Relational Operator)는 2개 값에 대한 비교로서 맞으면 TRUE, 맞지 않으면 FALSE를 반환한다. 비교 연산의 최종적인 결과가 갖는 값이다. 비교 연산자에는 '크다, 크거나 같다, 작다, 작거나 같다, 같다, 같지 않다, 아니다'가 있다.

[표 4-2] 비교 연산자

연산자	설명	입력내용	결과 내용
>	크다	3 > 4	FALSE
>=	크거나 같다	3 >= 4	FALSE
<	작다	3 < 4	TRUE
<=	작거나 같다	3 <= 4	TRUE
==	같다	3 == 4	FALSE
!=	같지 않다	3 != 4	TRUE
!	아니다	!(3 == 4)	TRUE

크거나 같다(>=), 작거나 같다(<=), 같다(==), 같지 않다(!=)라는 비교 연산자를 사용할 때에 주의할 점은 연산자 안에 공백이 있으면 에러(error)가 발생한다는 것이다. 즉 '크거나 같다'를 사용할 때에 '>공백='로 사용하면 안 된다.

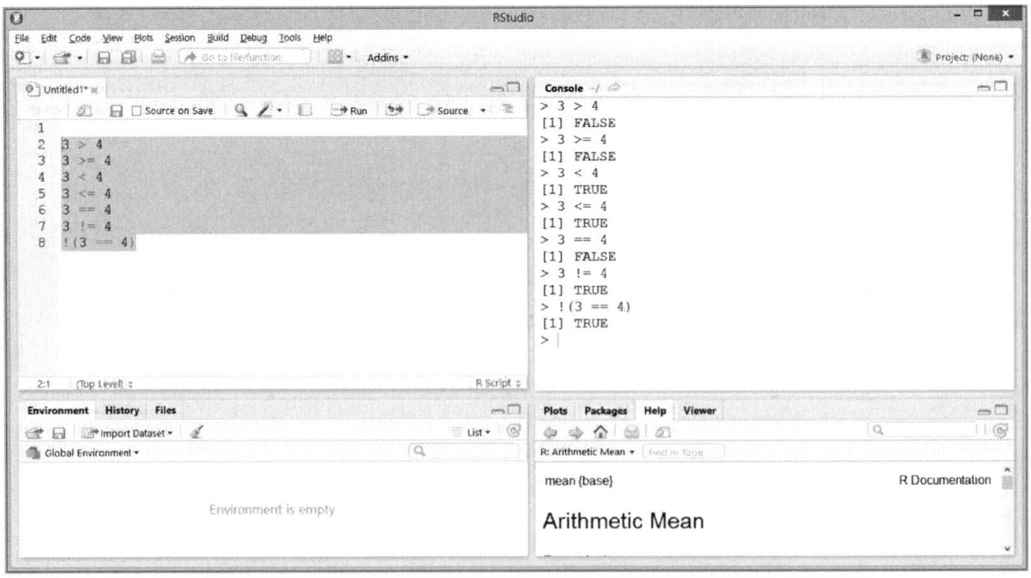

[그림 4-4] 비교 연산자

(3) 할당 연산자

할당 연산자(allocation operator)는 어떤 객체의 이름(변수 이름, 데이터 이름)에 특정한 값을 저장할 때 사용하는 연산자이다.

[표 4-3] 할당 연산자

연산자	설명	입력내용
<-	오른쪽의 값을 왼쪽의 이름에 저장함	x <- 3
=	오른쪽의 값을 왼쪽의 이름에 저장함	y = 4
->	왼쪽의 값을 오른쪽의 이름에 저장함	5 -> z

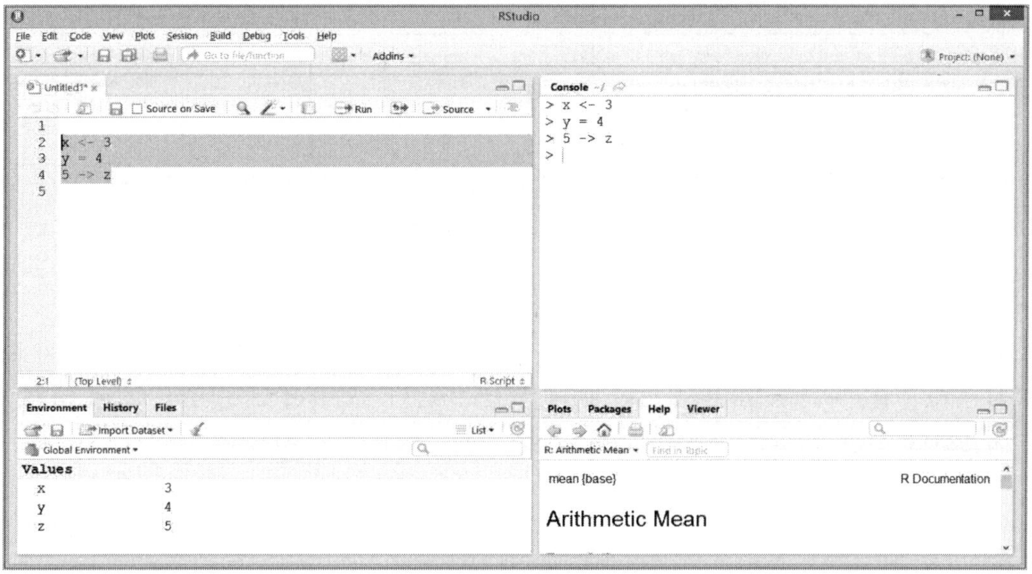

[그림 4-5] 할당 연산자

RStudio 프로그램의 왼쪽 하단을 보면 x, y, z라는 변수가 생성되었고, 각각의 값은 3, 4, 5임을 알려주고 있다. 일부러 새로운 명령어를 실행하지 않아도 x, y, z에 무엇이 있는지 알 수 있는 좋은 기능을 RStudio가 제공해주고 있다.

(4) 논리 연산자

논리 연산자(logical operator)는 2개 이상의 조건을 비교한다. &, &&는 모든 조건이 참일 때에만 최종적인 결과가 TRUE가 되며, |, || 는 조건 중에서 하나라도 참이면 최종적인 결과가 TRUE가 된다. 하지만 조건에 벡터(vector)가 오면 &와 &&의 결과, 또는 | 와 || 의 결과에는 차이가 있다.

[표 4-4] 논리 연산자

연산자	설명	입력내용
&	AND	(조건1) & (조건2)
&&	AND	(조건1) && (조건2)
|	OR	(조건1) | (조건2)
||	OR	(조건1) || (조건2)
!	NOT	!(조건)

✔ &

&는 AND의 개념으로 2개(또는 그 이상)의 조건을 동시에 만족할 때만 TRUE가 되는 논리 연산이다. &는 데이터가 하나인 벡터나 데이터가 2개 이상을 가지는 벡터 경우에도 작동한다.

✔ &&

&&는 AND의 개념으로 2개(또는 그 이상)의 조건을 동시에 만족할 때만 TRUE가 되는 논리 연산이다. &&는 데이터가 하나인 벡터인 경우에만 가능하며 데이터가 두 개 이상인 벡터인 경우에는 벡터의 첫 번째만 작동하고 나머지는 작동하지 않는다.

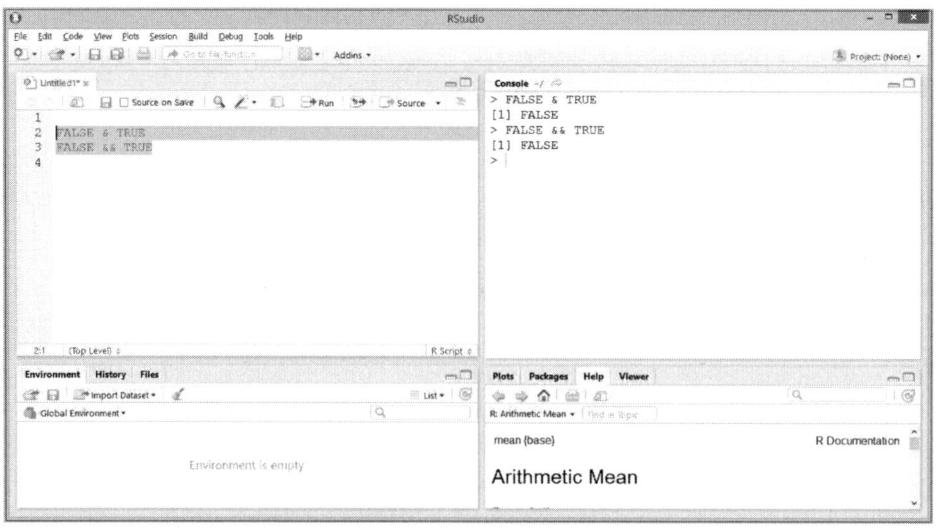

[그림 4-6] 논리 연산자(1)

조건에 있는 값이 벡터 형태이며 &와 &&의 결과는 동일하다.

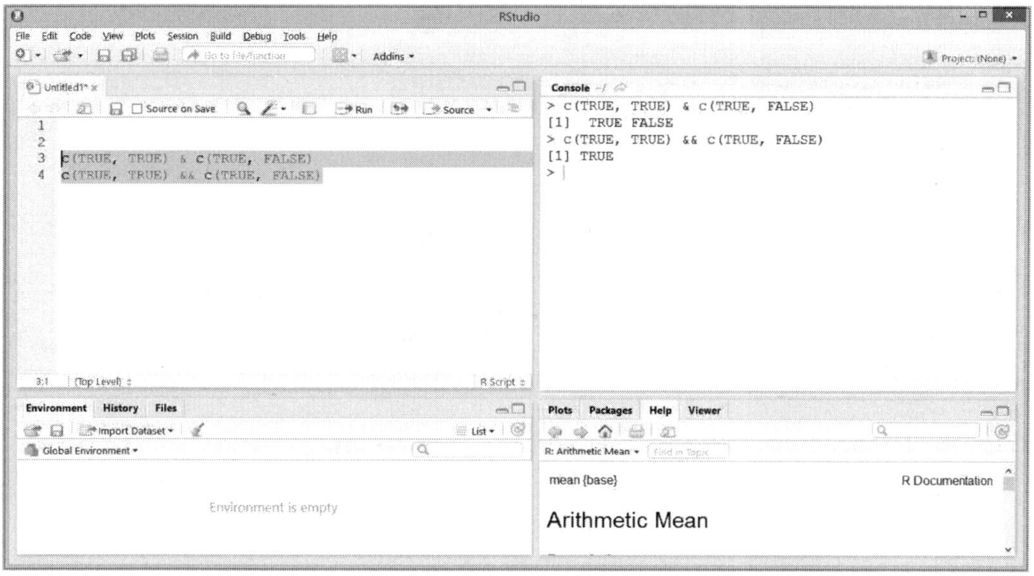

[그림 4-7] 논리 연산자(2)

하지만 [그림 4-7]처럼 조건이 벡터인 경우에는 &와 &&의 결과에 차이를 보인다. &는 벡터에 있는 2개의 조건에 대한 결과를 보여주지만 &&는 벡터에 있는 첫 번째의 조건에 대한 결과만 보여주고 나머지는 작동하지 않는다.

✔ |

| 는 OR의 개념으로 2개(또는 그 이상)의 조건 중에서 하나만 만족하여도 TRUE가 되는 논리 연산이다. | 는 데이터가 하나인 벡터나 데이터가 두 개 이상인 벡터의 경우에도 작동한다.

✔ ||

|| 는 OR의 개념으로 2개(또는 그 이상)의 조건 중에서 하나만 만족하여도 TRUE가 되는 논리 연산이다. || 는 데이터가 하나인 벡터인 경우에만 가능하며 벡터인 경우에는 벡터의 첫 번째만 작동하고 나머지는 작동하지 않는다.

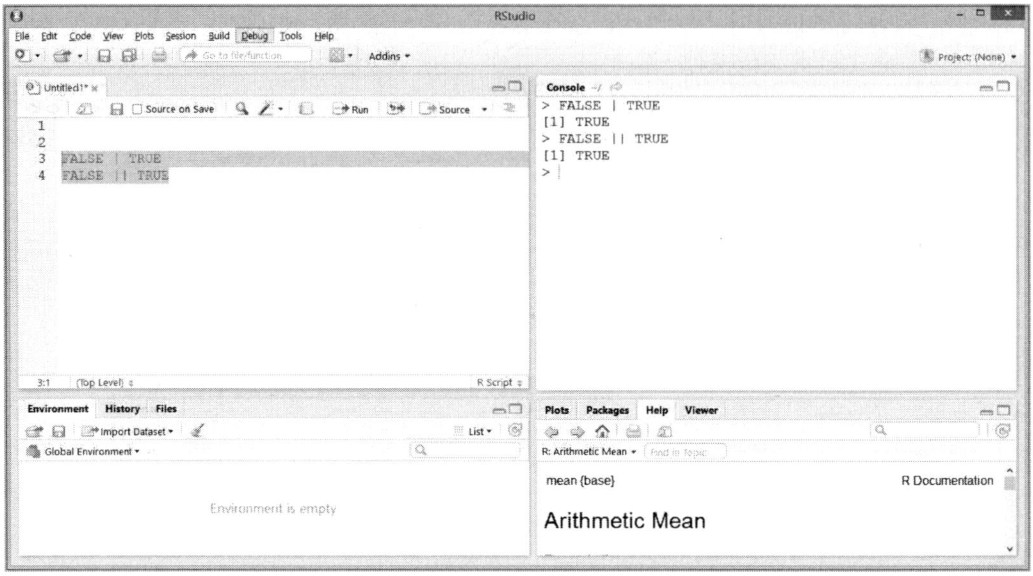

[그림 4-8] 논리 연산자(3)

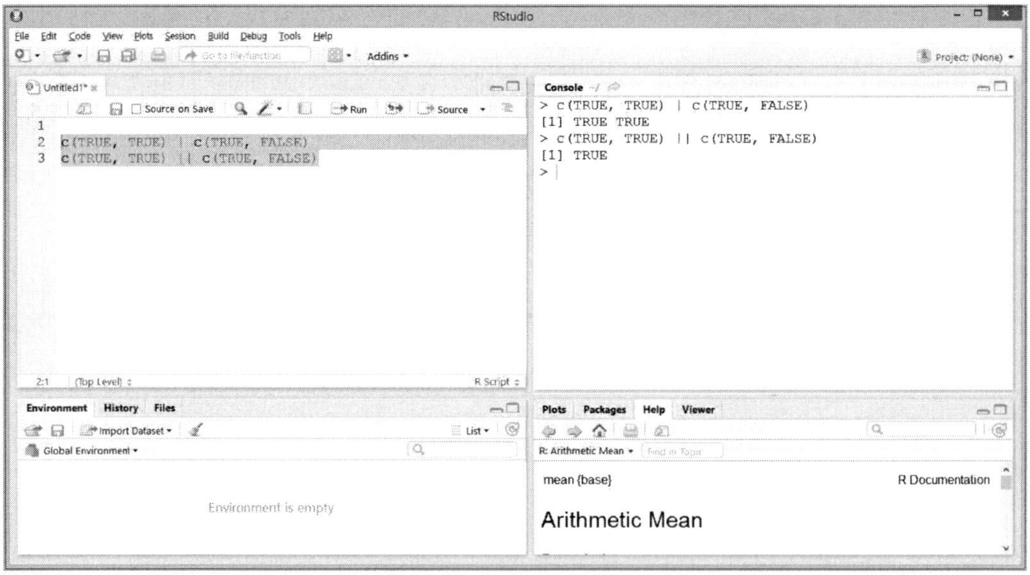

[그림 4-9] 논리 연산자(4)

결과에 대한 차이는 &와 &&의 설명과 동일하다.

✔ !

!는 NOT의 개념으로 지정된 조건의 결과를 반대(부정)하는 논리 연산이다. 조건이 TRUE이면 최종 결과가 FALSE가 되도록 하고, 조건이 FALSE이면 최종 결과가 TRUE가 되도록 한다.

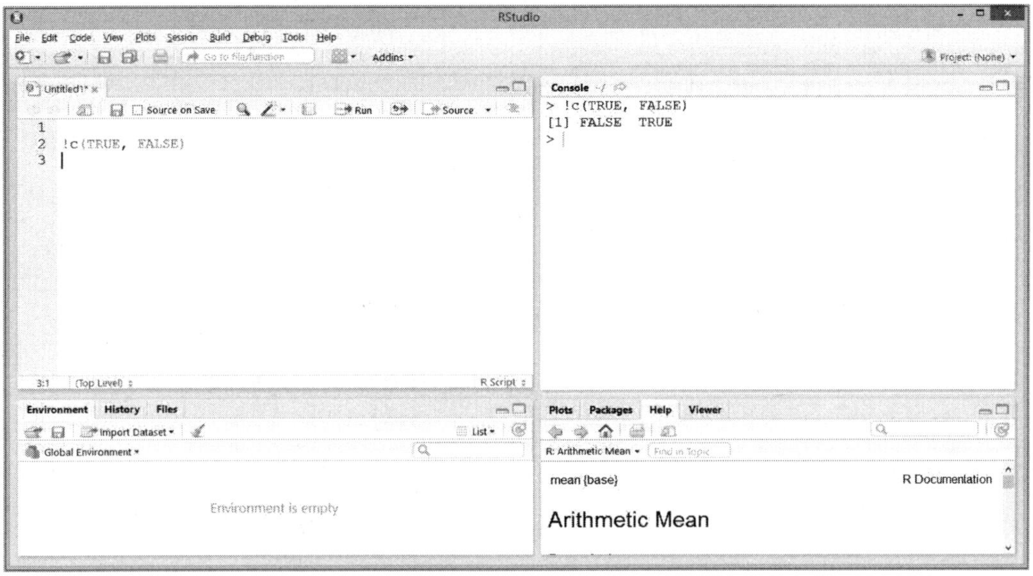

[그림 4-10] 논리 연산자(5)

!는 TRUE를 FALSE로, FALSE를 TRUE로 변경했다.

(5) 주요 수학함수

[표 4-5] 주요 수학함수

함수명	설명	입력내용	결과 내용
abs( )	절댓값	abs(−3)	3
sqrt( )	제곱근	sqrt(16)	$\sqrt{16}$ (=4)
pi	원주율	pi	3.141593
sign( )	부호	sign(−3)	−1
round( )	반올림	round(2.345, digits=2)	2.35
ceiling( )	무조건 올림	ceiling(2.3)	3
floor( )	무조건 내림	floor(2.7)	2
exp( )	지수	exp(10)	22026.47
log( )	자연로그	log(10)	2.302585
log10( )	사용로그	log10(10)	1
log2( )	로그(2)	log2(10)	3.321928
logb( )	일반화 로그	logb(10, base=3)	2.095903
factorial( )	계승	factorial(4)	24
choose( )	조합	choose(4, 2)	6
prod( )	곱	prod(1:4)	24
sin( )	사인(sine)	sin(0.5)	0.4794255
cos( )	코사인(cosine)	cos(0.5)	0.8775826
tan( )	탄젠트(tangent)	tan(0.5)	0.5463025

4.2 데이터 유형

R에는 데이터의 유형(type of data)이 있다. 즉 데이터가 어떤 값으로 이루어져 있는가를 의미한다. 숫자로 되어 있는지, 문자로 되어 있는지 등을 말한다. 데이터 유형에는 기본적인 것과 특수한 형태로 구성되어 있다. 그 중 기본적인 데이터 유형이 많이 사용된다.

(1) 기본의 데이터 유형

기본적인 데이터 유형에는 수치형, 문자형, 논리형, 복소수형이 있다. 이중에서 수치형, 문자형, 논리형이 자주 사용되며, 복소수형은 수학 분야를 다룰 때에 사용할 것이다.

✔ 수치형**(numeric)**
숫자로 되어 있으며, 정수형(integer)과 실수형(double)이 있다.

✔ 문자형**(character)**
하나의 문자 또는 문자열로 되어 있으며, “ ” 또는 ‘ ’로 묶여 있다.

✔ 논리형**(logical)**
참과 거짓의 논리값으로 TRUE(or T)이나 FALSE(or F)를 가진다.

✔ 복소수형**(complex)**
실수와 허수로 이루어진 복소수이다.

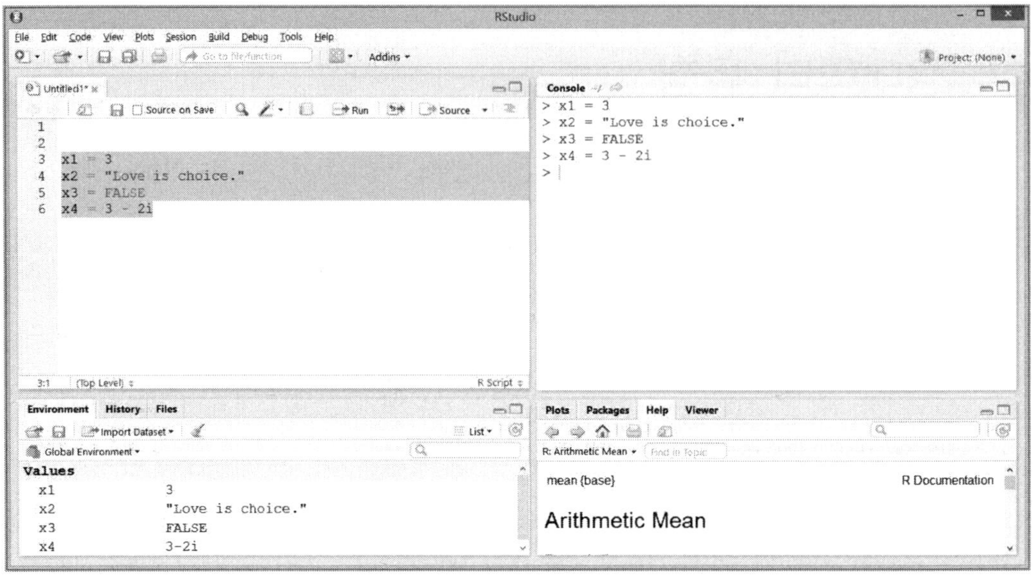

[그림 4-11] 데이터 유형(1)

x1에는 수치형, x2에는 문자형, x3에는 논리형, x4에는 복소수형 데이터가 하나씩 저장되었다.

(2) 특수 형태의 데이터 유형

특수한 형태의 데이터 유형은 다음과 같다.

✔ **NULL**

객체(object)로서 존재하지 않는 객체로 지정할 때 사용함.

✔ **NA**

Not Available의 약자로 결측치(missing value)를 의미함

✔ **NaN**

Not available Number의 약자로 수학적으로 계산이 불가능한 수를 의미한다. 예를 들면 sqrt(−3)으로 음수에 대한 제곱근은 구할 수 없다.

✔ **Inf**

Infinite의 약자로 양의 무한대이다.

✔ **-Inf**

음의 무한대이다.

(3) 데이터의 유형을 알려주는 함수

데이터의 유형을 알려주는 함수에는 mode( ) 함수와 is로 시작하는 함수들이 있다. mode( ) 함수는 문자형 형태로 최종적인 결과를 알려준다. 즉 “numeric”, “character”, “logical”, “complex” 중에 하나로 표현된다. is로 시작하는 함수들의 최종적인 결과는 TRUE 또는 FALSE 형태로 나타난다.

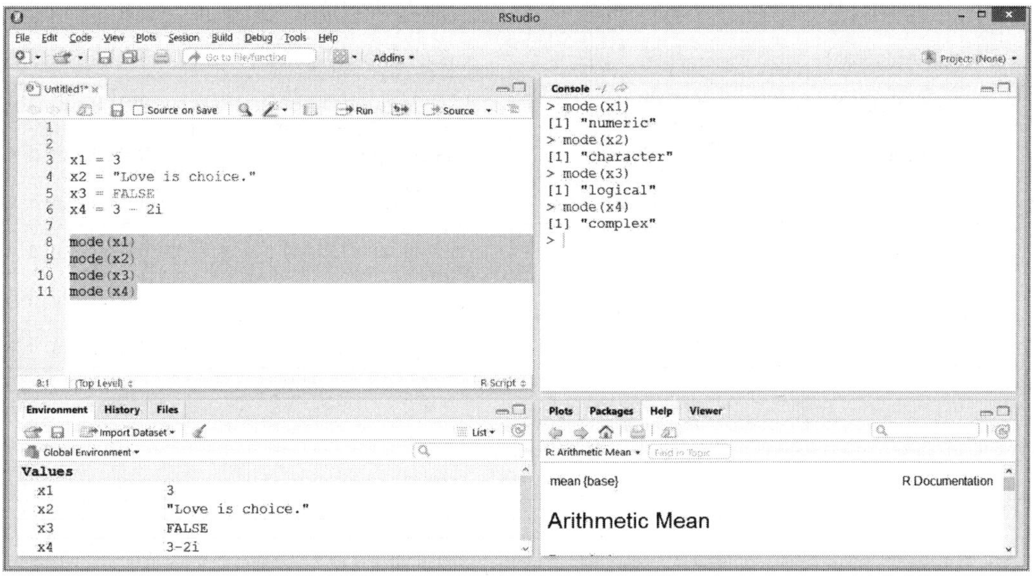

[그림 4-12] 데이터 유형(2)

mode( ) 함수는 x1에는 수치형이 있기 때문에 x1의 데이터 유형은 “numeric”이라고 알려준다. x2는 문자형이기 때문에 “character”, x3은 논리형이기 때문에 “logical”, x4는 복소수형이기 때문에 “complex”라고 알려준다.

데이터 유형을 알려주는 is로 시작하는 함수들은 [표 4-6]과 같다.

[표 4-6] 데이터 유형의 검정 함수들

함수명	설명	입력내용	결과 내용
is.numeric( )	수치형 여부	is.numeric(데이터)	TRUE or FALSE
is.integer( )	정수형 여부	is.integer(데이터)	TRUE or FALSE
is.double( )	실수형 여부	is.double(데이터)	TRUE or FALSE
is.character( )	문자형 여부	is.character(데이터)	TRUE or FALSE
is.logical( )	논리형 여부	is.logical(데이터)	TRUE or FALSE
is.complex( )	복소수형 여부	is.complex(데이터)	TRUE or FALSE
is.null( )	NULL 여부	is.null(데이터)	TRUE or FALSE
is.na( )	NA 여부	is.na(데이터)	TRUE or FALSE
is.finite( )	유한 수치 여부	is.finite(데이터)	TRUE or FALSE
is.infinite( )	무한 수치 여부	is.infinite(데이터)	TRUE or FALSE

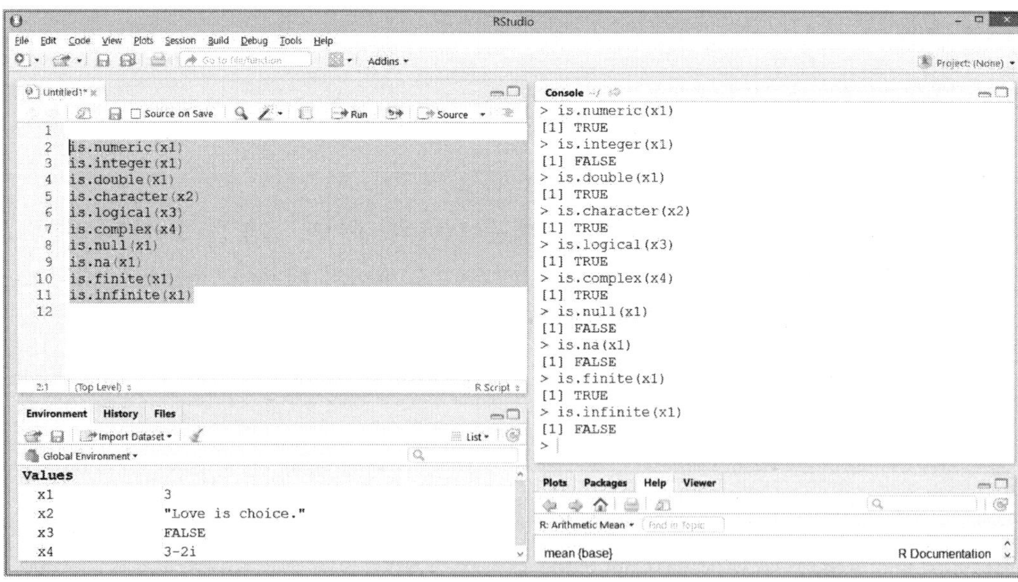

[그림 4-13] 데이터 유형(3)

(4) 데이터 유형의 우선순위

대표적인 네 가지 데이터 유형에는 우선순위가 있다. 이것은 5장에서 다룰 벡터와 같은 데이터에서 발생한다. 즉 벡터는 하나의 유형만 가질 수 있다. 그러므로 벡터를 만들 때 여러 가지 유형을 넣어도 최종적인 결과에는 하나의 유형으로 변경된다. 네 가지 데이터 유형의 우선순위는 다음과 같다.

문자형(character) > 복소수형(complex) > 수치형(numeric) > 논리형(logical)

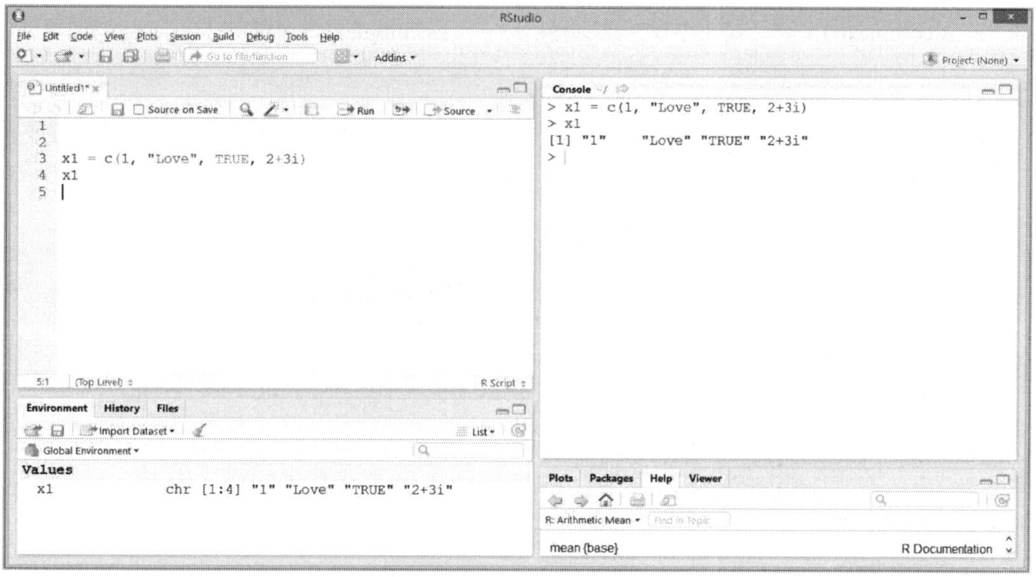

[그림 4-14] 데이터 유형(4)

x1은 4개의 값을 가지는 벡터이며, 네 가지 유형으로 입력하였다. 하지만 x1이라는 벡터가 가지는 최종적인 유형은 한 가지로 문자형임을 알 수 있다. 참고로 데이터 이름을 주고 실행하면, 데이터가 가지는 값을 보여준다.

또한 데이터의 유형을 강제적으로 변경하는 함수는 다음과 같다.

[표 4-7] 데이터 유형의 강제변환 함수

함수명	설명	입력내용	결과 내용
as.numeric( )	수치형으로 변환	as.numeric(데이터)	변환되거나 NA
as.integer( )	정수형으로 변환	as.integer(데이터)	변환되거나 NA
as.double( )	실수형으로 변환	as.double(데이터)	변환되거나 NA
as.character( )	문자형으로 변환	as.character(데이터)	변환되거나 NA
as.logical( )	논리형으로 변환	as.logical(데이터)	변환되거나 NA
as.complex( )	복소수형으로 변환	as.complex(데이터)	변환되거나 NA

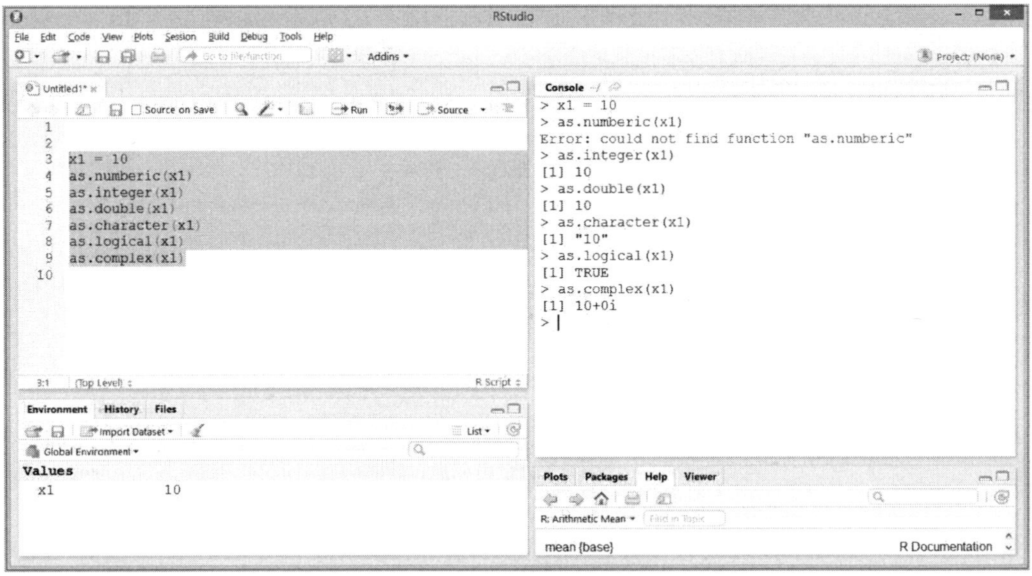

[그림 4-15] 데이터 유형(5)

x1에 10이라는 수치형 데이터를 하나 저장하였다. x1에 저장되어 있는 수치형을 강제적으로 다른 유형으로 변경한 결과는 [그림 4-15]와 같다. 수치형인 것을 강제적으로 수치형으로 변경할 때에는 에러(error)가 발생하고, 정수형, 실수형, 문자형, 논리형, 복소수형으로 모두 강제 변환되었다. 위의 결과처럼 언제나 데이터의 유형이 강제적으로 변환되는 것은 아니다.

데이터 유형 중 우선순위가 낮은 형태에서 우선순위가 높은 형태로는 아무런 문제없이 강제적으로 유형이 변환되지만, 우선순위가 높은 형태에서 우선순위가 낮은 형태로의 변환은 일부만 가능하기 때문에 경우에 따라서는 강제적으로 유형이 변경되지 않을 수 있다.

R에서 주로 사용하는 7가지 데이터 형태가 무엇이며, R에서 직접 생성하는 방법과 데이터의 속성에는 무엇이 있는지를 학습한다.

객체(Object)

5.1 벡터
5.2 행렬
5.3 배열
5.4 데이터 프레임
5.5 요인
5.6 리스트

학습목표

- R에서 자주 사용하는 6가지 데이터 형태를 알 수 있다.
- R에서 6가지 데이터 형태를 생성할 수 있다.
- R에서 벡터, 행렬의 연산을 할 수 있다.

주요 용어

벡터(vector), 행렬(matrix), 배열(array), 데이터 프레임(data frame), 요인(factor), 리스트(list), length( ), names( ), c( ), :, seq( ), sequence( ), rep( ), paste( ), rbind( ), cbind( ), matrix( ), array( ), data.frame( ), factor( ), list( )

R에서 객체는 데이터나 그래프를 의미한다. 여기서는 데이터로서의 객체를 소개한다. 데이터에는 벡터(vector), 행렬(matrix), 배열(array), 데이터 프레임(data frame), 요인(factor), 리스트(list) 등이 있다.

5.1 벡터

벡터는 스칼라의 확장으로 1개 이상의 데이터를 갖는다. 벡터는 하나의 열로 되어 있으며, 콘솔에 출력될 때에는 하나의 행으로 나타난다. 벡터는 데이터에 대한 통계분석이나 그래프를 작성할 때 사용되는 데이터 형태로서 가장 활용된다. 여기서는 벡터를 생성하는 방법, 벡터의 속성 등을 다루도록 한다.

(1) 벡터의 생성

벡터를 생성하는 방법은 많다. 하지만 여기서는 대표적인 6가지 방법인 c( ), :, seq( ), sequence( ), rep( ), paste( )를 소개한다.

① c( )

c( ) 함수는 combine 또는 concatenate 의미를 갖으며, 벡터를 생성하는 가장 대표적인 방법이다. c( ) 함수는 네 가지 유형(수치형, 문자형, 논리형, 복소수형)에 적용할 수 있다. 즉 수치형 벡터, 문자형 벡터, 논리형 벡터, 복소수형 벡터를 생성할 수 있다. 그리고 규칙이 없는 데이터로 이루어진 벡터를 생성할 때 사용한다. 규칙이 있을 때에는 다른 기능을 이용한다. c( ) 함수를 사용하는 방법은 다음과 같다.

[표 5-1] c( ) 함수의 사용법

argument	설명
...	기본적으로는 스칼라가 들어가며, 스칼라와 스칼라 사이는 콤마로 구분한다. 또한 벡터도 들어갈 수 있다.

수치형 벡터인 v1, 문자형 벡터인 v2, 논리형 벡터인 v3을 생성하면 다음과 같다.

- v1 = c(3, 10, 12)
- v2 = c("Kim", "Lee", "Park")
- v3 = c(TRUE, FALSE, FALSE, FALSE)

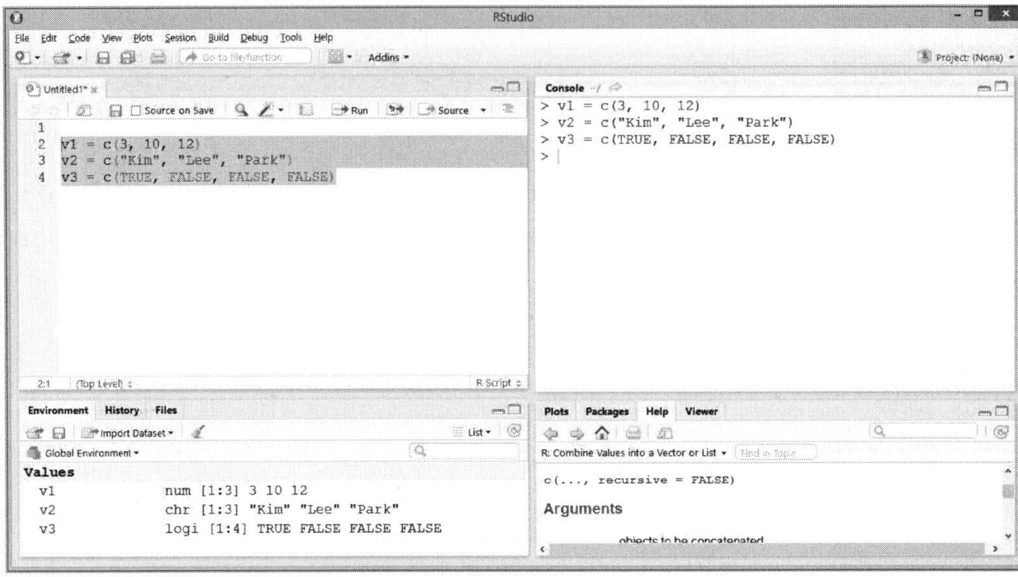

[그림 5-1] 벡터 : c( ) 함수(1)

v1은 3개의 수치형으로 이루어진 벡터이고, v2는 3개의 문자형, v3은 4개의 논리형으로 만들어진 벡터이다. 문자형이나 논리형으로 이루어진 벡터를 생성할 때에 초보자들이 가끔씩 실수하는 것이 있다. Kim처럼 큰 따옴표를 생각하거나 "FALSE"에 큰 따옴표를 사용하는 것이다. 문자형은 큰 따옴표나 작은 따옴표로 감싸야 하고, 논리형은 감싸지 않아야 함을 다시 상기하길 바란다.

c( ) 함수는 벡터들을 하나로 합쳐서 하나의 새로운 벡터를 생성할 수도 있다. 새로운 v1 벡터와 v2를 생성하고, c( ) 함수를 이용하여 v1, v2 벡터를 연결하여 v3이라는 새로운 벡터를 생성한다.

- v1 = c(1, 3, 5)
- v2 = c(10, 30, 50)
- v3 = c(v1, v2)

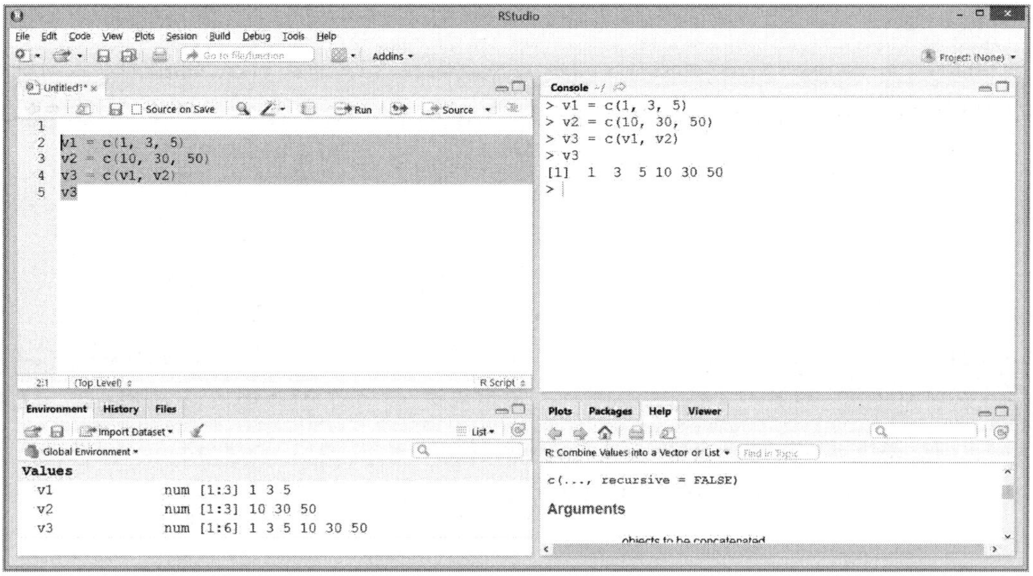

[그림 5-2] 벡터 : c( ) 함수(2)

c( ) 함수는 벡터를 생성할 때에도 사용하지만 다른 데이터 형태에서 일부의 데이터를 추출할 때에도 사용한다. 규칙이 없는 특정한 행이나 열의 데이터를 추출할 때 사용한다.

② :

콜론(:)은 수치형에만 적용되며, 1씩 증가되거나 1씩 감소되는 규칙이 있는 값으로 이루어진 벡터를 생성할 때 사용한다. start:end 구조로 사용하며, start, end는 숫자이고, start > end이면 1씩 감소되고, start < end이면 1씩 증가되며, start=end이면 start 또는 end가 된다. 시작은 무조건 start에서 시작해서 end를 넘지 않는다.

- v1 = 1:5

  start는 1, end는 5이다. start < end가 성립하므로 1씩 증가된다. start부터 시작해서 end를 넘지 않을 때까지 1씩 증가하는 수치형으로 이루어지는 벡터가 된다. 즉 1부터 시작해서 5를 넘지 않을 때까지 1씩 증가하는 수치형 벡터가 생성된다. v1은 1, 2, 3, 4, 5로 되어 있다.

- v2 = 5:1

  start는 5, end는 1이고, start > end가 성립하므로 1씩 감소된다. start부터 시작해서 end를 넘지 않을 때까지 1씩 감소하는 수치형으로 이루어지는 벡터가 된다. 즉 5부터 시작해서 1을 넘지 않을 때까지 1씩 감소하는 수치형 벡터가 생성된다. v2는 5, 4, 3, 2, 1로 되어 있다.

- v3 = −3.3:5

  start는 −3.3, end는 5이고, start < end가 성립하므로 1씩 증가된다. start부터 시작해서 end를 넘지 않을 때까지 1씩 증가하는 수치형으로 이루어지는 벡터가 된다. 즉 −3.3부터 시작해서 5를 넘지 않을 때까지 1씩 증가하는 수치형 벡터가 생성된다. v3은 −3.3, −2.3, −1.3, −0.3, 0.7, 1.7, 2.7, 3.7, 4.7로 되어 있다.

- v4 = 5:−3.3

  start는 5, end는 −3.3고, start > end가 성립하므로 1씩 감소된다. start부터 시작해서 end를 넘지 않을 때까지 1씩 감소하는 수치형으로 이루어지는 벡터가 된다. 즉 5부터 시작해서 −3.3을 넘지 않을 때까지 1씩 감소하는 수치형 벡터가 생성된다. v4는 5, 4, 3, 2, 1, 0, −1, −2, −3으로 되어 있다.

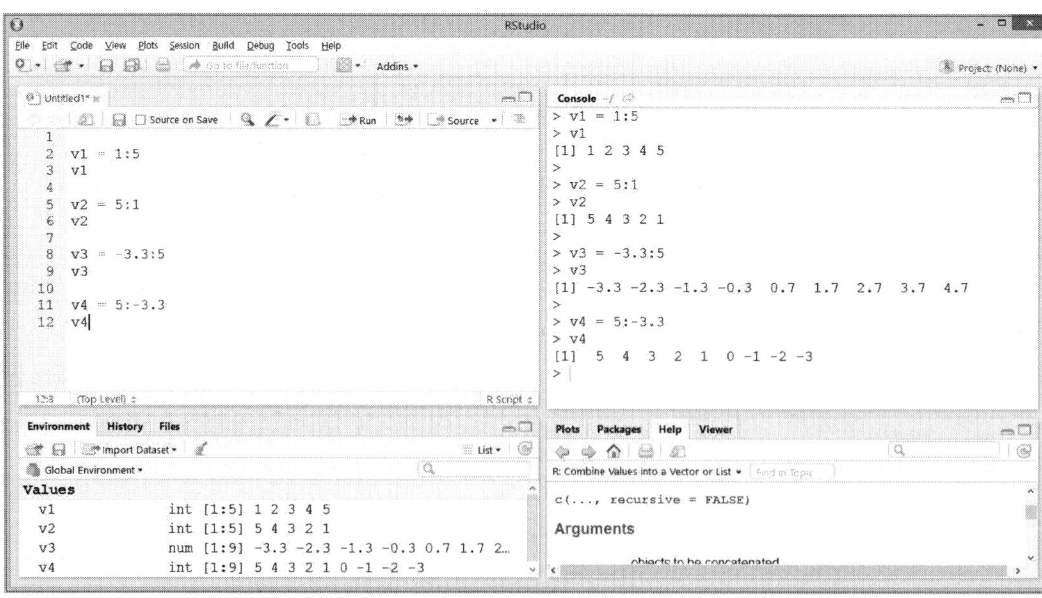

[그림 5-3] 벡터 : 콜론(:)

콜론(:)도 벡터를 생성할 때 사용하지만 다른 데이터 형태에서 연달아 있는 특정한 행이나 열의 데이터를 추출할 때 사용할 수 있다.

③ seq( )

seq( ) 함수는 sequence의 약자이며, 콜론(:)의 확장 또는 일반화이다. 즉 콜론(:)은 1씩 증가하거나 감소하는 수치형으로 이루어진 벡터를 생성하지만, seq( ) 함수는 1 이외의 증감이 되는 규칙 있는 수치형 벡터를 생성할 수 있다. seq( ) 함수의 사용 방법은 다음과 같다.

[표 5-2] seq( ) 함수의 사용법

argument	설명
from	시작값이다.
to	끝값이다.
by	얼마씩 증가 또는 감소시킬지를 정하는 단계값이다. 단, 감소시킬 경우에는 부호가 음수이어야 한다. 그렇지 않으면 에러(error)가 발생한다.

- v1 = seq(from=1, to=5, by=1)
  1부터 시작해서 5를 넘지 않을 때까지 1씩 증가하는 수치형 벡터가 생성된다. v1은 1, 2, 3, 4, 5로 되어 있다.

- v2 = seq(from=1, to=5, by=0.5)
  1부터 시작해서 5를 넘지 않을 때까지 0.5씩 증가하는 수치형 벡터가 생성된다. v2는 1.0, 1.5, 2.0, 2.5, 3.0, 3.5, 4.0, 4.5, 5.0으로 되어 있다.

- v3 = seq(from=5, to=1, by=0.5)
  5부터 시작해서 1을 넘지 않을 때까지 0.5씩 감소시키고 싶지만, by의 부호가 양수이기 때문에 에러(error)가 발생한다.

- v3 = seq(from=5, to=1, by=-0.5)
  5부터 시작해서 1을 넘지 않을 때까지 0.5씩 감소하는 수치형 벡터가 생성된다. v3은 5.0, 4.5, 4.0, 3.5, 3.0, 2.5, 2.0, 1.5, 1.0으로 되어 있다.

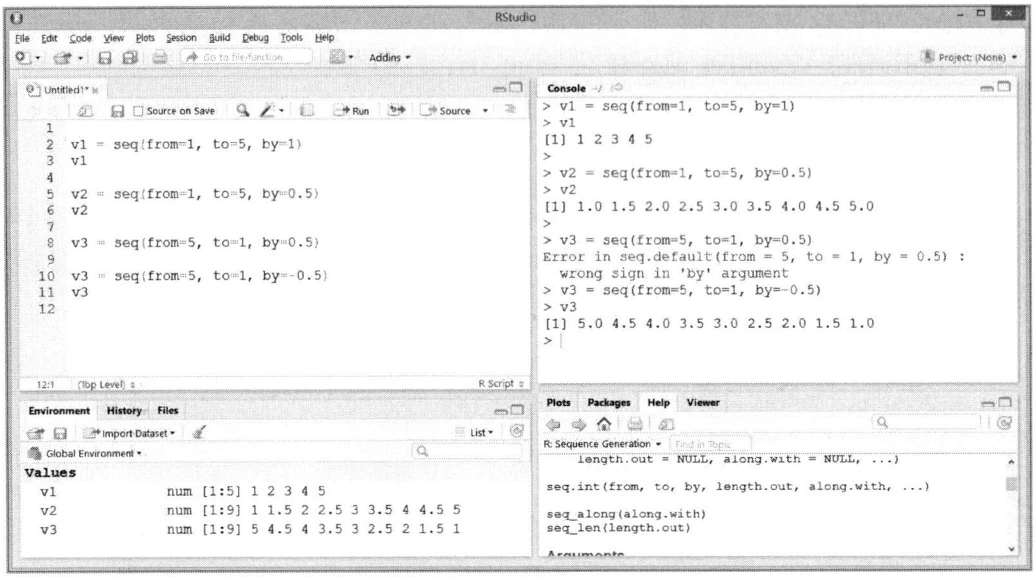

[그림 5-4] 벡터 : seq( ) 함수

참고로 seq( ) 함수에는 from, to, by라는 argument가 있다. R을 사용하면서 함수에 있는 argument는 가능하면 생략하지 않고 쓰길 바란다. 그래서 함수 안에 있는 값들이 무엇인지 알 수 있도록 하는 것이 본인에게도, 코드를 보게 될 다른 사람에게도 도움이 될 것이다. argument의 순서는 문법에 영향을 주지 않지만 최대한 순서를 중요하게 생각해서 작성하는 것을 추천한다.

④ sequence( )

sequence( ) 함수는 sequence(숫자) 형태로 사용하며, 1과 지정한 '숫자' 사이의 정수로 이루어진 수치형 벡터를 생성한다. sequence( ) 함수의 사용 방법은 다음과 같다.

[표 5-3] sequence( ) 함수의 사용법

argument	설명
nvec	수치형인 스칼라나 벡터를 지정한다.

- v1 = sequence(10)
  1~10 사이의 정수 형태인 수치형 벡터가 생성되며, v1이 가지는 값은 1, 2, 3, 4, 5, 6, 7, 8, 9, 10 이다.

- v2 = sequence(5.5)
  1~5.5 사이의 정수 형태인 수치형 벡터가 생성되며, v2가 가지는 값은 1, 2, 3, 4, 5이다.

- v3 = sequence(1)
  v3은 1만 가진다.

- v4 = sequence(0)
  v4라는 벡터는 생성되었지만 값은 없다. 벡터를 초기화할 때 사용할 수 있다.

- v5 = sequence(−3)
  음수가 지정되었기 때문에 오류를 발생하였다.

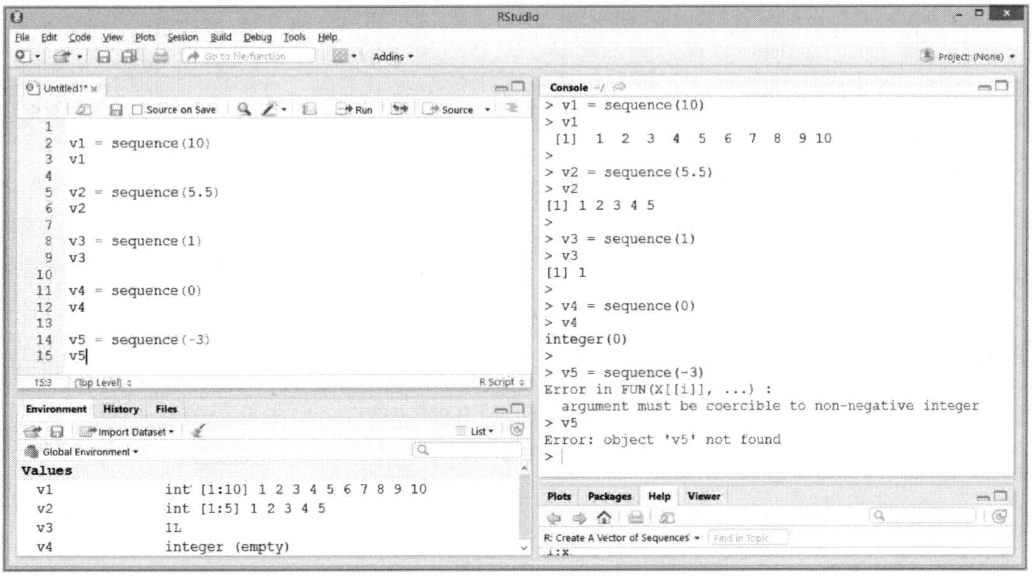

[그림 5-5] 벡터 : sequence( ) 함수

⑤ rep( )

rep( ) 함수는 replicate의 약자로서 복사하다, 반복하다의 뜻을 가지고 있다. rep( ) 함수는 수치형, 문자형, 논리형, 복수형으로 된 벡터를 생성할 수 있으며, rep( ) 함수에 지정된 데이터를 복사해 주는 기능이다. rep( ) 함수에 대한 사용 방법은 다음과 같다.

[표 5-4] rep( ) 함수의 사용법

argument	설명
x	복사하고 싶은 스칼라나 벡터를 지정한다.
times	times에 지정된 것이 스칼라로 하나의 수치라면, 복사하고 싶은 벡터 전체를 times만큼 복사하여 새로운 벡터를 생성한다. times에 지정된 것이 수치형 벡터이면, 복사하고 싶은 벡터의 원소 각각을 times에 지정된 벡터의 원소만큼 복사해서 새로운 벡터를 생성한다.
each	each에 지정된 숫자만큼 스칼라나 벡터의 원소를 각각 복사해서 하나의 벡터가 생성되도록 한다. 여기에 오는 수는 양수이다.
length.out	생성되는 벡터의 길이를 지정하며, 양수이어야 한다.

- v1 = rep(“a”, times=5)

  “a”라는 문자형 데이터를 5번 복사해서 문자형 벡터인 v1을 생성한다.

- v2 = rep(“a”, each=5)

  “a”라는 문자형 데이터를 5번 복사해서 문자형 벡터인 v2를 생성한다. 복사되는 데이터가 1개인 경우에는 times와 each라는 argument에는 차이가 없다.

- v3 = rep(c(“a”, “b”), times=3)

  2개의 문자형 “a”와 “b”를 가지는 벡터를 복사하는 것으로, 벡터의 값을 전체적으로 3번 복사해서 새로운 문자형 벡터인 v3을 생성한다. v3은 “a”, “b”, “a”, “b”, “a”, “b”를 가지게 된다.

- v4 = rep(c(“a”, “b”), each=3)

  2개의 문자형 “a”와 “b”를 가지는 벡터를 복사하는 것으로, 벡터의 값을 각각 3번 복사해서 새로운 문자형 벡터인 v4를 생성한다. v4는 “a”, “a”, “a”, “b”, “b”, “b”를 가지게 된다.

- v5 = rep(c(“a”, “b”), times=2, each=3)

  rep( ) 함수에 times와 each라는 2개의 argument가 동시에 사용되었다. 이때는 each가 먼저 적용되고, 그 다음에 times가 적용된다. “a”, “b” 데이터는 each가 먼저 적용되어 “a”, “a”, “a”, “b”, “b”, “b”가 된다. 이 결과에 times가 적용되어 “a”, “a”, “a”, “b”, “b”, “b”, “a”, “a”, “a”, “b”, “b”, “b”가 되었다. 참고로 rep( ) 함수에서 times와 each의 위치는 바뀌어도 결과는 동일하다.

- v6 = rep(c(“a”, “b”), times=c(10, 5))
  “a” 데이터를 10개 생성하고, 그 다음에 “b” 데이터를 5개 생성해서 하나의 벡터를 생성하도록 하는 기능이다.

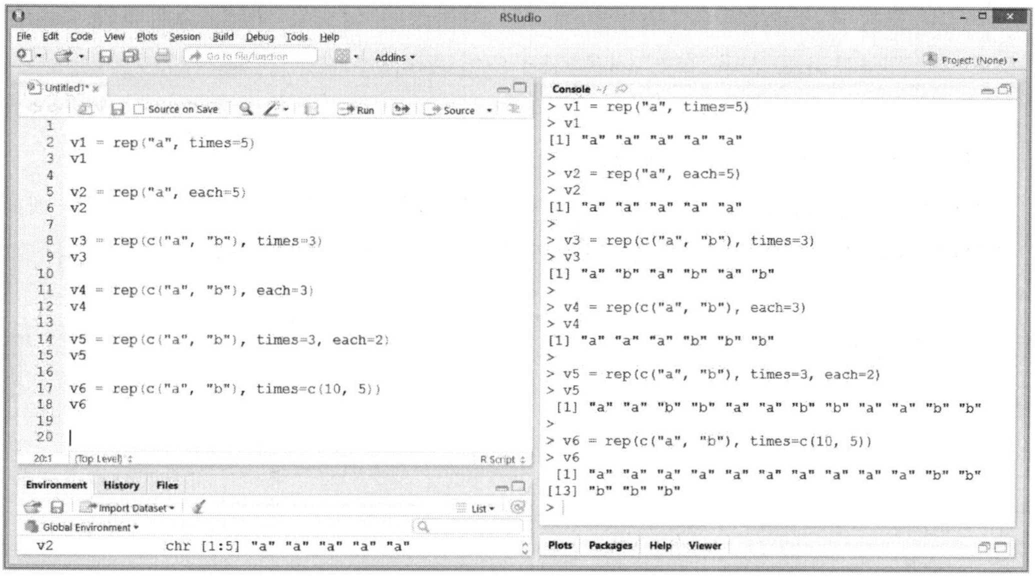

[그림 5-6] 벡터 : rep( ) 함수

⑥ paste( )

paste( ) 함수는 함수에 지정된 데이터를 합쳐서 하나의 문자형 데이터를 생성하는 기능이다. 데이터가 합쳐질 때에는 공백(blank)이라는 구분자가 생성된다. paste( )는 주로 변수명, 관찰치명을 작성할 때 유용하게 사용할 수 있다. paste( ) 함수를 사용하는 방법은 다음과 같다.

[표 5-5] rep( ) 함수의 사용법

argument	설명
...	스칼라나 벡터를 콤마로 구분해서 지정한다.
sep	하나의 문자형으로 합쳐질 때에 사용하는 구분자(separator)를 의미하며, 기본은 공백이다. 이것을 변경하려면 sep argument에 새로운 구분자를 지정하면 된다.

- v1 = paste(1, 1)
  2개의 수치형인 스칼라를 합쳐서 하나의 문자형이 되도록 하며, 스칼라와 스칼라 사이에는 기본으로 공백이 구분자로 사용된다. v1은 "1 1"이 된다.

- v2 = paste("Love", "is", "choice.")
  "Love", "is", "choice."라는 3개의 문자형 스칼라를 합쳐서 하나의 문자형인 벡터를 생성하며, 동일하게 공백이 구분자로 사용되었다. v2는 "Love is choice."가 된다.

- v3 = paste(1, 1, sep="−")
  2개의 수치형인 스칼라를 합쳐서 하나의 문자형이 되도록 하며, 스칼라와 스칼라 사이에는 "−" 구분자로 사용된다. v3은 "1−1"이 된다.

- v4 = paste("Love", "is", "choice.", sep="@")
  "Love", "is", "choice."라는 3개의 문자형 스칼라를 합쳐서 하나의 문자형인 벡터를 생성하며, 구분자는 "@" 구분자로 사용되었다. v4는 "Love@is@choice."가 된다.

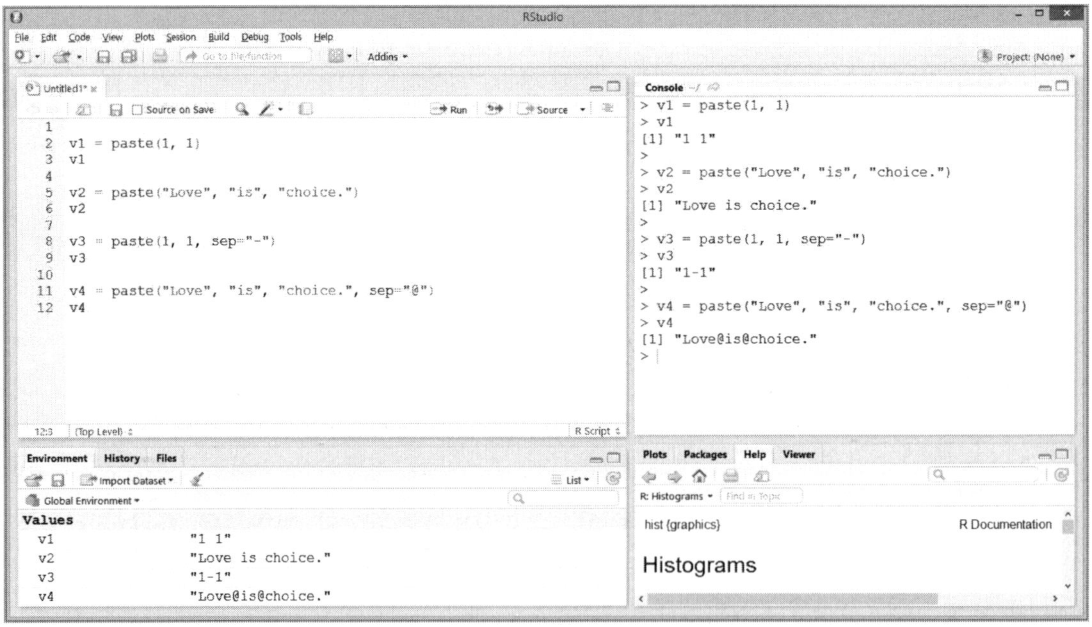

[그림 5-7] 벡터 : paste( ) 함수

(2) 벡터의 속성

벡터의 속성으로는 벡터가 가지는 데이터의 유형, 데이터의 개수, 데이터의 이름을 알아낼 수 있으며, 데이터의 이름의 경우 새롭게 이름을 지정할 수 있다. 또한 벡터가 가지는 데이터 중에서 일부를 추출할 수도 있다.

① 데이터의 유형

mode( ), is.numeric( ), is.character( ), is.logical( ), is.complex( ) 함수를 사용한다. 사용 방법은 다음과 같다.

- mode(벡터)
- is.numeric(벡터)
- is.character(벡터)
- is.logical(벡터)
- is.complex(벡터)

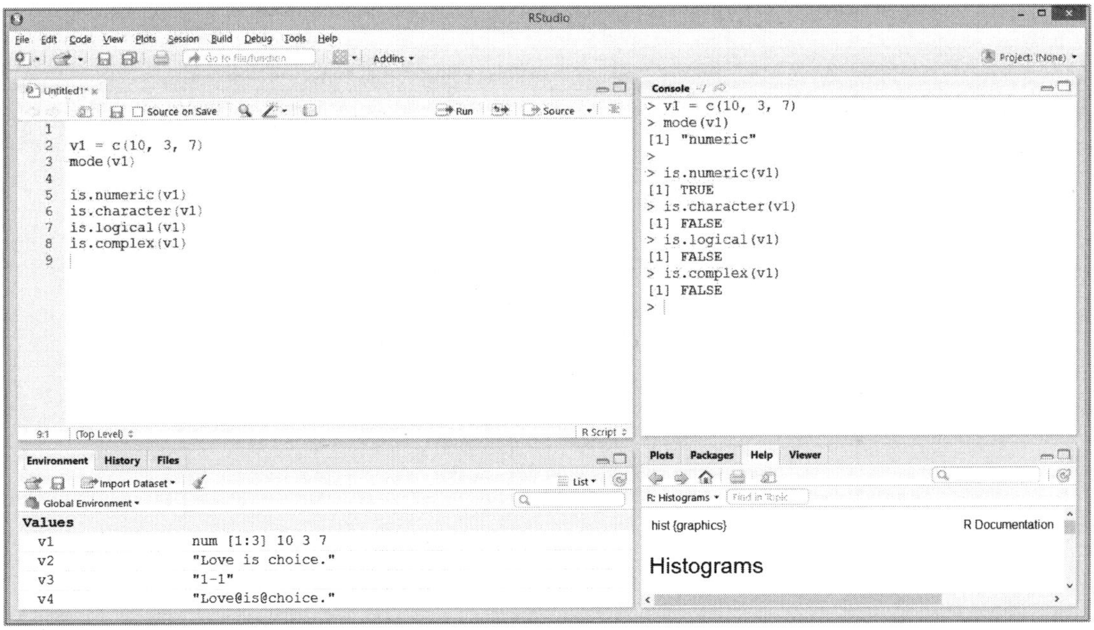

[그림 5-8] 벡터의 데이터 유형

② 데이터의 개수

벡터가 몇 개의 데이터를 가지고 있는지를 데이터 개수라고 하며, length( ) 함수를 사용한다. 그 사용 방법은 다음과 같다.

- length(벡터)

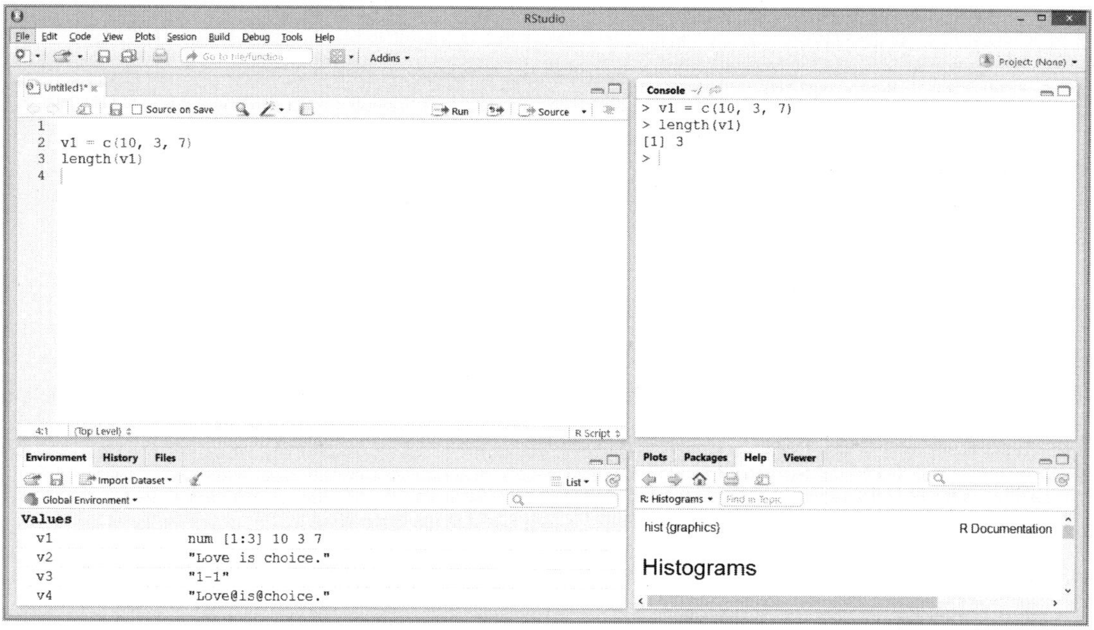

[그림 5-9] 벡터의 데이터 개수

③ 데이터의 이름

names( ) 함수를 사용하며, 해당 벡터를 지정하면 된다. 벡터의 원소 각각에 이름이 있으면, 이름을 문자형 형태로 알려주고, 이름이 없으면 NULL을 반환한다. 만약에 벡터의 원소에 대한 이름이 없는 경우, 이름을 붙여 주고 싶을 때에는 c( ) 함수 등을 이용하여 이름을 지정하면 된다.

- names(벡터)
- names(벡터) = c(원소의 이름)

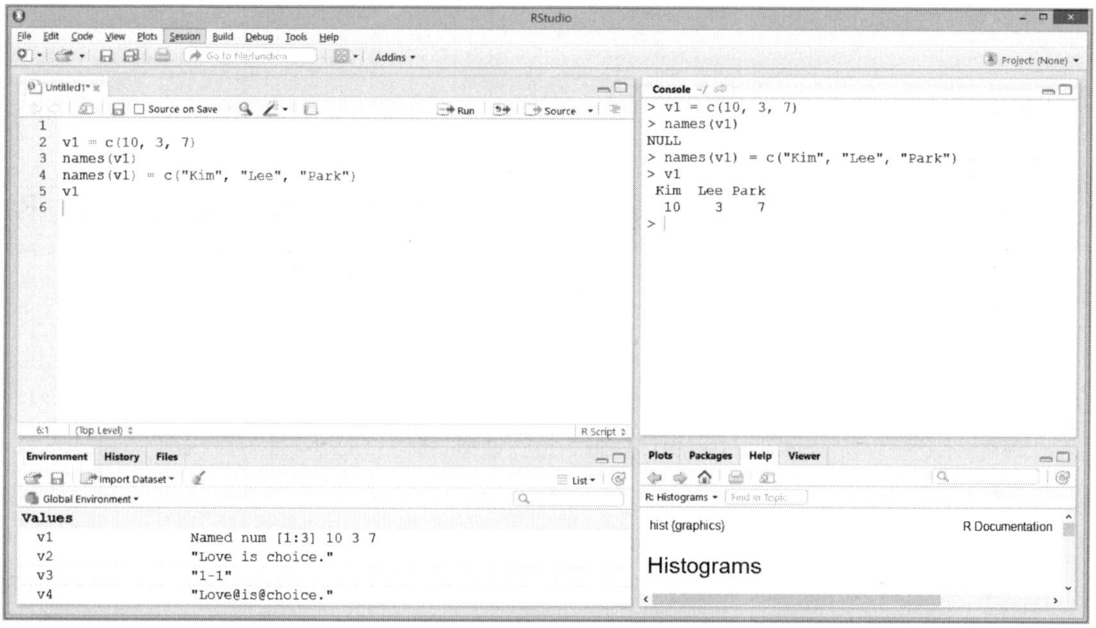

[그림 5-10] 벡터의 데이터의 이름

④ 데이터의 추출

벡터 중에서 일부의 데이터를 추출할 때는 대괄호([ ])를 사용한다. 대괄호 안에 양의 정수를 입력하며, 양의 정수는 색인(index)으로 벡터가 가지는 데이터의 위치를 의미한다. index가 1이면 벡터의 첫 번째 원소를 의미한다. index에는 벡터를 생성하는 방법에서 소개했던 c( ), :, seq( ), sequence( ) 등도 올 수 있다.

- 벡터[index]

5명의 몸무게(57, 81, 65, 49, 72)를 저장하는 weight라는 변수를 생성하고, 일부를 추출하면 다음과 같다.

✔ **weight = c(57, 81, 65, 49, 72)**

- weight[1]
  weight 벡터가 가지는 데이터 중에서 첫 번째 데이터인 57을 가져온다. 참고로 R에서는 색인(index)의 처음 위치를 1부터 시작한다. 다른 프로그램들 중에서 일부는 색인의 처음 위치를 0으로 시작하는 경우가 있다.

- weight[2]
  weight 벡터가 가지는 데이터 중에서 두 번째 데이터인 81을 가져옴.

- weight[2:4]
  weight 벡터가 가지는 데이터 중에서 2, 3, 4번째에 있는 데이터인 81, 65, 49를 가져온다. 이렇게 가져오는 데이터가 연달아 있는 경우에는 :(콜론)을 사용하면 편리하다.

- weight[c(1, 4, 5)]
  weight 벡터가 가지는 데이터 중에서 1, 4, 5번째 있는 데이터인 57, 49, 72를 가져온다. 가져오고 싶은 데이터가 연달아 있지 않고, 특정한 규칙이 없다면 c( ) 함수를 이용하여 가져오고 싶은 위치를 지정하면 된다.

- weight[－c(1, 4, 5)]
  weight 벡터가 가지는 데이터 중에서 1, 4, 5번째 있는 데이터를 제외하고 나머지 데이터를 가져오라는 뜻이다. 즉 2, 3번째 위치에 있는 데이터인 81, 65를 가져온다.

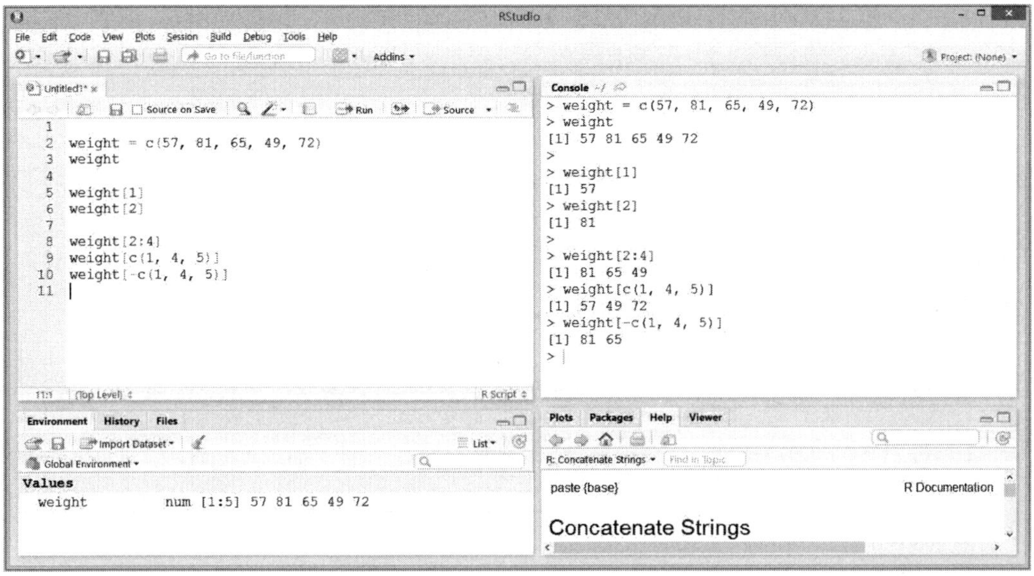

[그림 5-11] 벡터의 데이터 추출

(3) 벡터의 연산

하나의 수치형 벡터에 수치형 스칼라의 값을 이용하여 사칙연산을 통해 새로운 값을 가지는 벡터를 생성할 수 있고, 벡터와 벡터 간에 사칙연산을 할 수가 있다. R의 강점 중의 하나가 바로 벡터의 연산이 편리하고 빠르다는 것이다.

① 벡터의 길이가 동일한 경우

연산에 사용되는 벡터들의 길이가 동일한 경우로서 벡터들 간의 사칙연산을 할 수 있고, 최종적인 결과는 벡터가 된다. 벡터들 간의 연산은 각 벡터에 있는 동일한 위치의 값들끼리 연산이 된다. 예를 들어, 수치형 벡터인 v1과 v2가 있고 v1 + v2의 연산을 하면, v1[1] + v2[1]의 연산이 된다.

v1에는 1, 2, 3을 가지고, v2는 4, 5, 6을 갖도록 생성한 후에 연산을 하면 다음과 같다.

- v1 + v2
- v1 - v2
- v1 * v2
- v1 / v2
- v1 ** v2

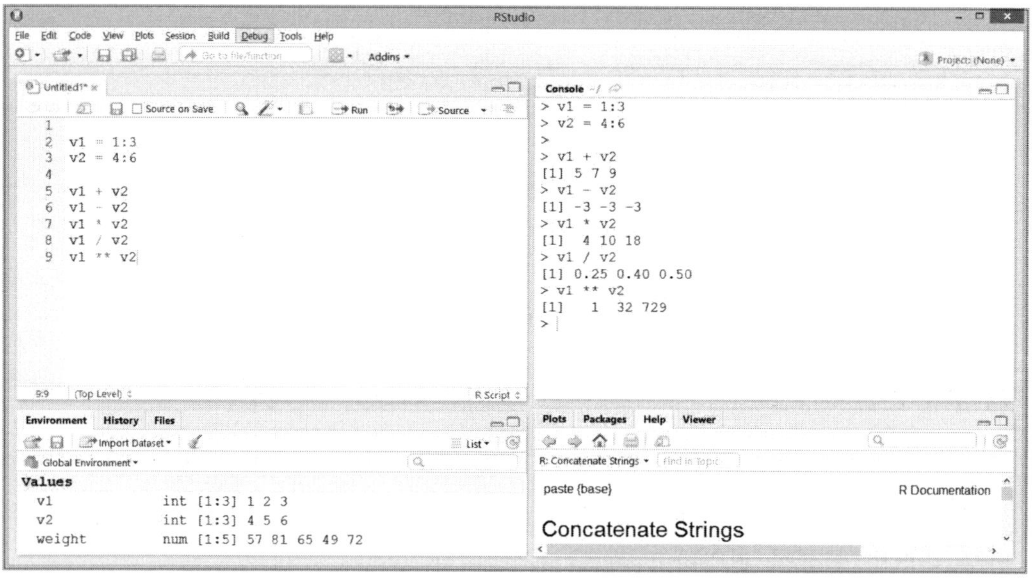

[그림 5-12] 벡터의 연산(1)

② 벡터의 길이가 동일하지 않은 경우

두 벡터가 가지는 데이터의 개수가 다를 때에는 연산이 될 것인가? 결과적으로 연산이 된다. 연산이 된다면 어떤 방식으로 연산이 되는가? 벡터 자체는 변하지 않지만 연산과정에서 데이터의 개수가 적은 쪽의 벡터는 데이터 개수가 많은 쪽의 벡터와 동일하게 데이터 개수를 맞춘다. 즉 데이터 개수가 차이가 나는 만큼 임시적으로 데이터가 생성된다. v1은 3개의 데이터, v2는 6개의 데이터가 있다면 v1과 v2 벡터 간의 연산을 했을 경우, v1의 데이터는 추가적으로 3개가 더 생성되어 6개가 된다. 그렇다면 새롭게 생성되는 3개의 데이터는 어떤 값을 가질까? v1이 가지고 있는 값을 순서적으로 새롭게 생성되는 데이터에 지정하게 된다. 이러한 규칙을 **재사용 규칙**(recycling rule)이라고 한다. 재사용 규칙은 R이 가지는 중요한 특징 중 하나이다.

v1에 1, 2, 3을, v2에는 1, 2, 3, 4, 5, 6을 저장하고 있고, 두 벡터 간의 연산을 하면 다음과 같다.

- v1 = 1:3
- v2 = 1:6
- v1 + v2

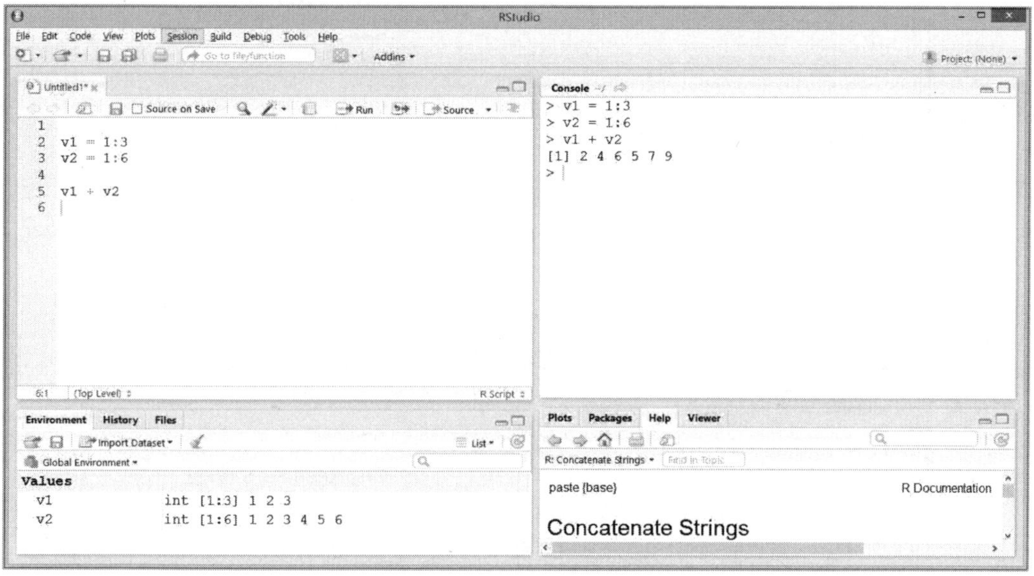

[그림 5-13] 벡터의 연산(2)

v1은 3개의 수치형 데이터를 가지는 벡터이고, v2는 6개의 수치형 데이터를 가는 벡터이다. v1 + v2의 연산을 하면 v1은 변하지 않지만 연산과정에서만 추가적으로 3개의 데이터를 가지게 된다. 새롭게 생성되는 4, 5, 6번째의 데이터는 v1의 1, 2, 3째의 있는 값을 순서적으로 갖게 된다. 즉 1, 2, 3, 1, 2, 3으로 된다. 그러므로 연산과정에서 데이터의 개수가 동일하게 되고, 동일한 위치 간의 연산이 가능하게 된다. v1[1] + v2[1], v1[2] + v2[2], ..., v1[6] + v2[6]로 연산된다. 즉 1 + 1, 2 + 2, 3 + 3, 1 + 4, 2 + 5, 3 + 6이다. 이것의 결과값은 2, 4, 6, 5, 7, 9이 된다.

v1은 1, 2, 3을 가지는 벡터이고, v2는 1, 2, 3, 4, 5, 6, 7, 8, 9, 10을 가지는 벡터이다.

- v1 = 1:3
- v2 = 1:10
- v1 + v2

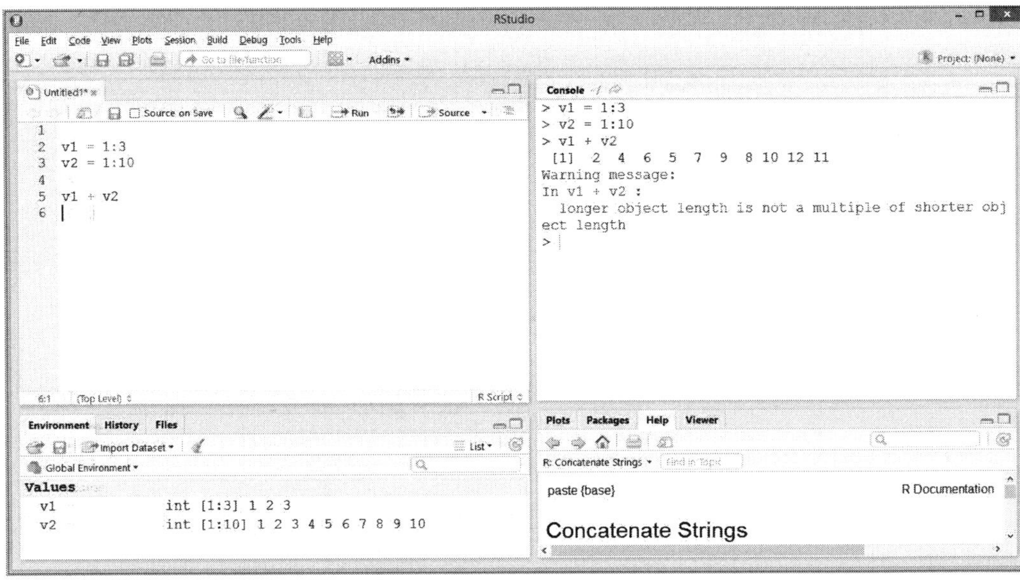

[그림 5-14] 벡터의 연산(3)

재사용규칙이 동일하게 적용되어 v1은 연산과정에서 7개가 추가적으로 생성되고, 추가적으로 생성된 데이터의 값은 v1에 있는 1, 2, 3을 순서적으로 갖게 된다. 즉 1, 2, 3, 1, 2, 3, 1, 2, 3, 1이 된다. 그리하여 v1과 v2 벡터 간에 연산이 된다. 하지만 경고 메시지(warning message)가 발생하였다. 그 이유는 v1의 데이터 개수와 v2의 데이터 개수 간에 배수가 존재하지 않기 때문이다. 즉 3과 10은 배수의 관계가 아니다. R은 두 벡터의 데이터 개수가 배수의 관계가 아니기 때문에 혹시 결과에 사용자가 원하는 결과가 아닐지도 모르니 잘 살펴보라는 의미에서 경고 메시지를 발생하였다.

5.2 행렬

행렬(matrix)은 행과 열로 데이터가 구성되어 있으며, 벡터의 확장이다. 벡터가 1차원을 가진다면 행렬은 2차원이 된다. 행렬은 벡터의 확장이므로 벡터의 속성들을 대부분 가지고 있다.

(1) 행렬 생성하기

행렬을 생성하는 방법에는 rbind( ), cbind( ) 그리고 matrix( ) 함수가 있다. 먼저 rbind( ) 함수의 사용 방법은 다음과 같다.

[표 5-6] rbind( ) 함수의 사용법

argument	설명
...	벡터를 콤마로 구분해서 지정한다.

rbind( ) 함수는 2개 이상의 벡터를 행(row) 기준으로 합쳐서 하나의 행렬을 생성하며, 벡터의 개수가 행의 개수가 되고, 벡터 중에서 데이터의 개수가 가장 큰 벡터의 길이가 열의 개수가 된다. v1은 1, 2, 3을, v2는 4, 5, 6을 가지는 벡터를 생성한 다음에 rbind( ) 함수를 이용하여 행렬을 만들면 다음과 같다.

- v1 = 1:3
- v2 = 4:6
- m1 = rbind(v1, v2)
- m1

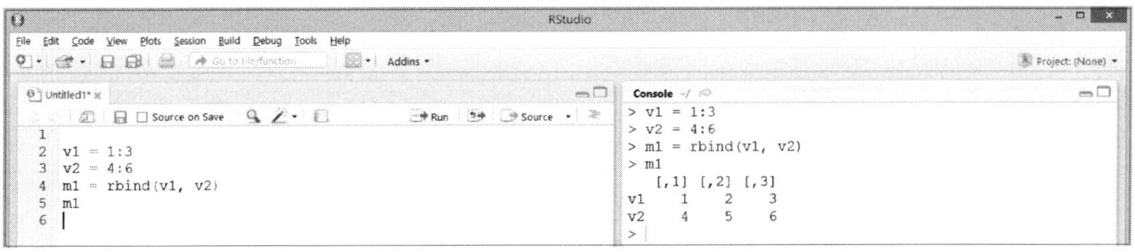

[그림 5-15] 행렬 생성하기(1)

m1 행렬은 2행, 3열을 가진다.

cbind( ) 함수의 사용 방법은 다음과 같다.

[표 5-7] cbind( ) 함수의 사용법

argument	설명
...	벡터를 콤마로 구분해서 지정한다.

cbind( ) 함수는 2개 이상의 벡터를 열(column) 기준으로 합쳐서 하나의 행렬을 생성하며, 벡터의 개수가 열의 개수가 되고, 벡터 중에서 데이터의 개수가 가장 큰 벡터의 길이가 행의 개수가 된다. v1은 1, 2, 3을, v2는 4, 5, 6을 가지는 벡터를 생성한 다음에 cbind( ) 함수를 이용하여 행렬을 만들면 다음과 같다.

- v1 = 1:3
- v2 = 4:6
- m2 = cbind(v1, v2)
- m2

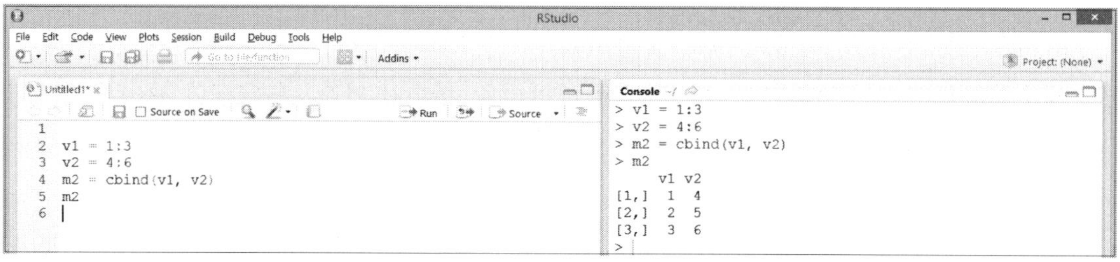

[그림 5-16] 행렬 생성하기(2)

m2 행렬은 3행, 2열을 가진다.
다음은 matrix( ) 함수를 이용하여 행렬을 생성하며, 사용 방법은 다음과 같다.

[표 5-8] matrix( ) 함수의 사용법

argument	설명
data	행렬의 원소에 채워질 데이터로 벡터를 지정한다.
nrow	행의 개수를 지정한다.
ncol	열의 개수를 지정한다.
byrow	행렬에서 데이터의 입력은 열을 우선으로 하여 입력된다. 행을 우선으로 입력하고 싶으면 TRUE를 지정하면 된다.

• m1 = matrix(1:4, nrow=2)

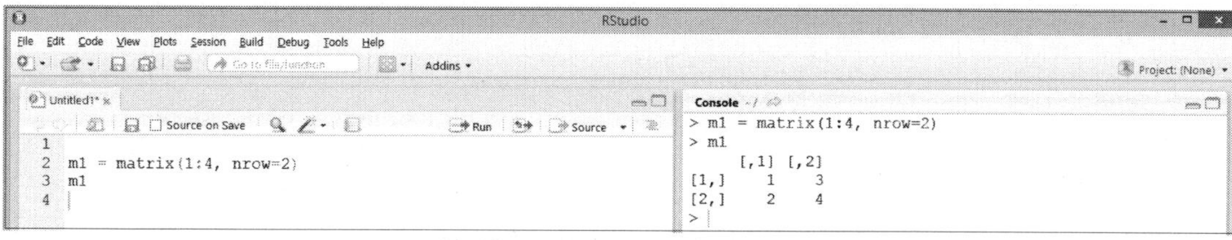

[그림 5-17] 행렬 생성하기(3)

m1 행렬은 행의 개수를 2로 정했다. 그렇다면 행의 개수는 어떻게 되는가? 벡터가 가지는 데이터의 개수인 4를 행의 개수인 2로 나눈 값이 열의 개수가 된다. 만약 나눈 값이 소수점을 가지면 무조건 반올림된 결과가 열의 개수가 된다. m1은 2행, 2열인 행렬이 되며, 1, 2, 3, 4의 데이터는 첫 번째 열을 채우고, 그 다음으로 두 번째 열을 채우게 된다.

• m2 = matrix(1:4, ncol=2)

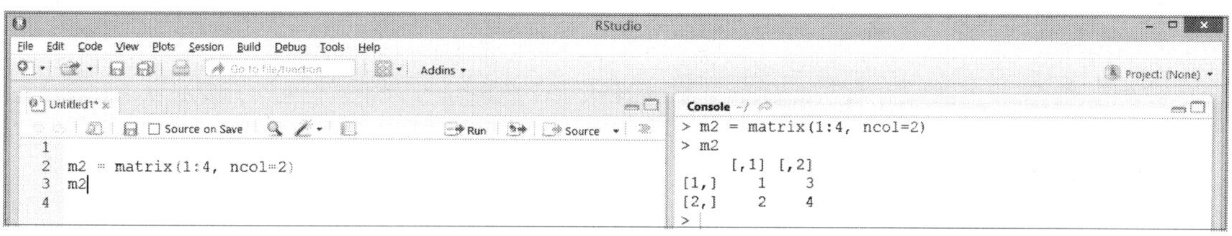

[그림 5-18] 행렬 생성하기(4)

m2 행렬은 열의 개수를 2로 정했고, 벡터가 가지는 데이터의 개수인 4를 열의 개수인 2로 나눈 값이 행의 개수가 된다. 만약 나눈 값이 소수점을 가지면 무조건 반올림된 결과가 행의 개수가 된다. m2 행렬은 2행, 2열인 행렬이 되며, 1, 2, 3, 4의 데이터는 첫 번째 열을 채우고, 그 다음으로 두 번째 열을 채우게 된다.

• m3 = matrix(1:4, nrow=2, ncol=2)

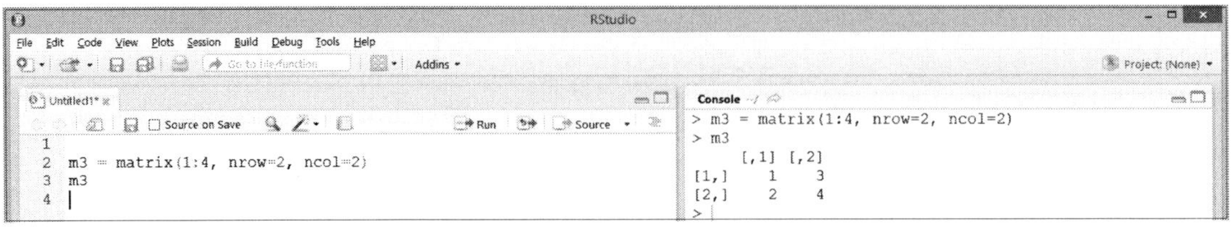

[그림 5-19] 행렬 생성하기(5)

m3 행렬은 행의 개수를 2, 열의 개수를 2로 정했으므로 2행, 2열인 행렬이 된다. 1, 2, 3, 4의 데이터는 첫 번째 열을 채우고, 그 다음으로 두 번째 열을 채우게 된다.

• m4 = matrix(1:4, nrow=2, ncol=2, byrow=TRUE)

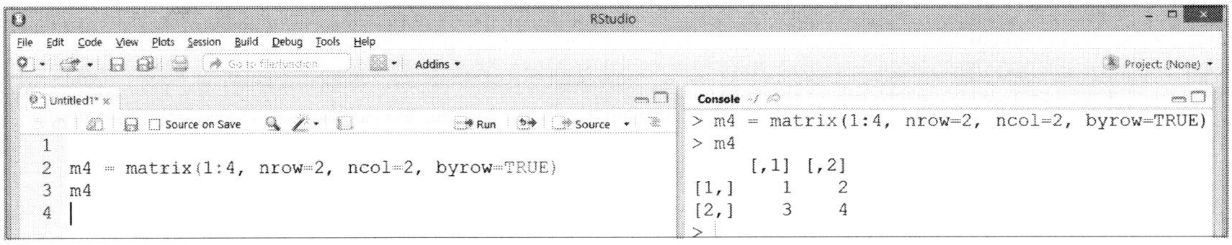

[그림 5-20] 행렬 생성하기(6)

m4 행렬은 2행, 2열인 행렬이 되며, 1, 2, 3, 4의 데이터는 첫 번째 행을 먼저 채우고, 그 다음으로 두 번째 행을 채우게 된다.

• m5 = matrix(1:6, nrow=2, ncol=4)

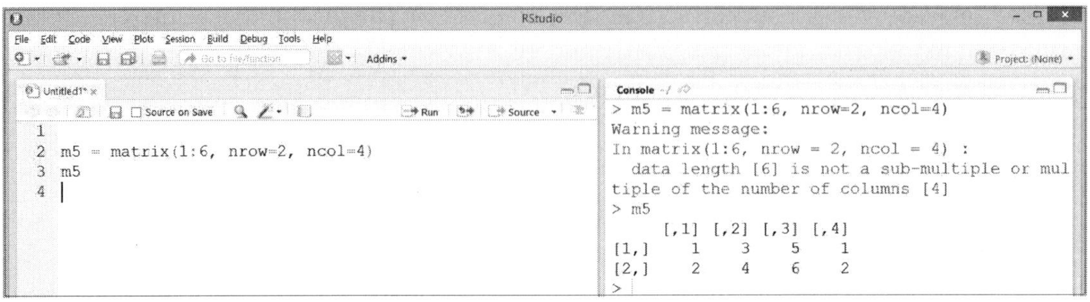

[그림 5-21] 행렬 생성하기(7)

m5 행렬은 2행, 4열인 행렬이 되며, 1, 2, 3, 4, 5, 6의 데이터는 열의 우선순위로 하여 입력된다. 하지만 행렬이 가지는 원소는 8개인데, 원소에 채워질 벡터의 데이터는 6개이다. 나머지 2개의 자료는 재사용 규칙에 의해서 1, 2가 추가적으로 생겨서 m5 행렬을 채우게 된다.

(2) 행렬의 속성

행렬의 속성에는 행렬이 가지는 데이터의 유형, 원소의 개수, 행의 개수, 열의 개수, 행의 이름, 열의 이름, 차원, 차원의 이름이 있다. 각각의 함수는 다음과 같다.

- mode(행렬) : 행렬이 가지고 있는 데이터의 유형
- is.numeric(행렬), is.character(행렬), is.logical(행렬), is.complex(행렬) : 지정된 행렬이 가지는 데이터의 유형이 맞는지를 확인함
- length(행렬) : 행렬이 가지는 원소(데이터)의 개수
- ncol(행렬) : 열의 개수
- nrow(행렬) : 행의 개수
- colnames(행렬) : 행의 이름
- rownames(행렬) : 열의 이름
- dim(행렬) : 차원(dimension)으로 행의 개수와 열의 개수를 동시에 알려주며, 먼저 나오는 숫자가 행의 개수이다.
- dimnames(행렬) : 차원의 이름으로 행의 이름과 열의 이름을 동시에 알려주며, 먼저 나오는 이름이 행의 이름이다.

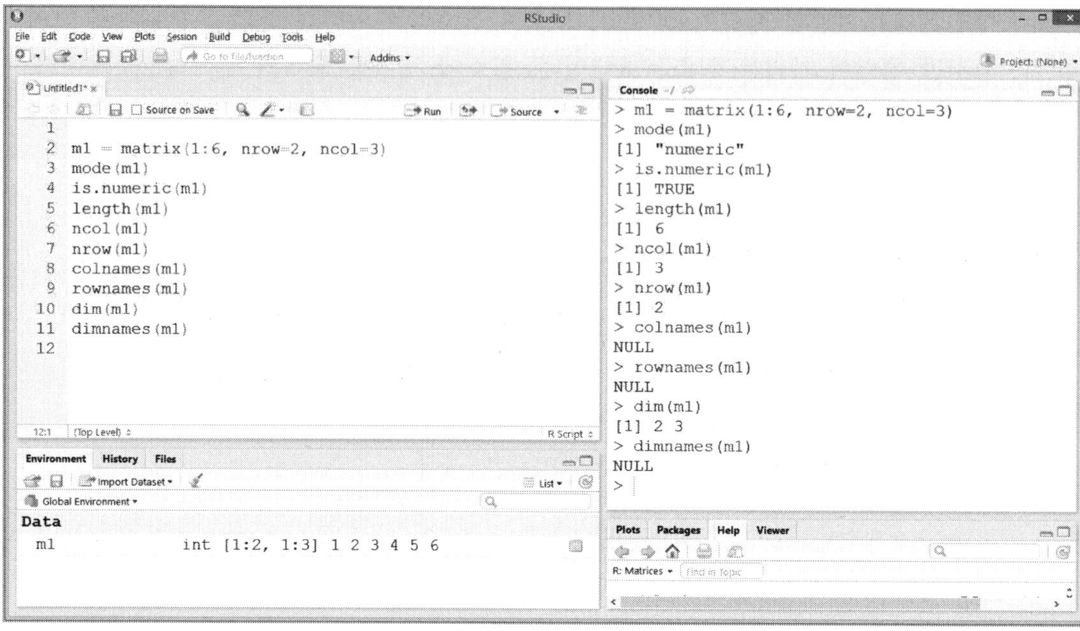

[그림 5-22] 행렬의 속성

행렬에서 일부의 데이터를 추출하는 방법은 다음과 같다.

- 행렬[row index, col index]

행렬이름에 대괄호([ ])를 사용하며, 추출하고 싶은 행의 위치(index)와 열의 위치(index)를 콤마(,)로 구분하여 사용한다. 2행 3열이고 1, 2, 3, 4, 5, 6의 데이터를 원소를 갖는 m1 행렬을 이용하여 일부를 추출하는 과정을 다룬다.

- m1 = matrix(1:6, nrow=2, ncol=3)
- m1[1,]

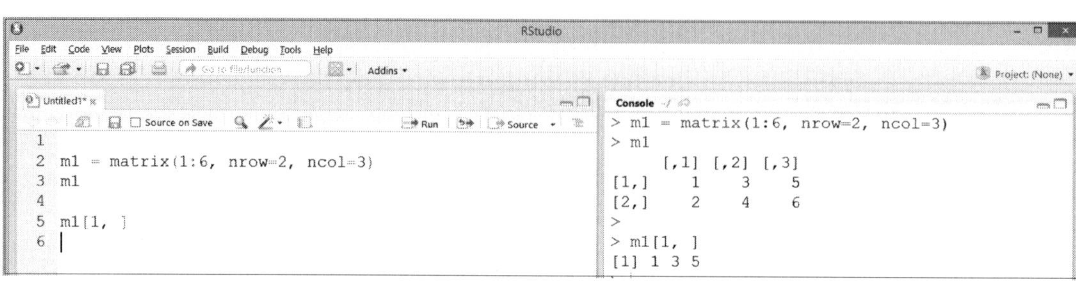

[그림 5-23] 행렬의 일부 추출하기(1)

m1[1,]은 1행을 추출하는 것으로 1, 3, 5가 추출되었다. 하나의 행만 추출하면 최종적인 결과는 벡터가 된다. 하나의 행만 추출하더라도 행렬의 형태를 유지하고 싶으면 drop=FALSE를 행렬을 추출할 때에 넣어주면 된다.

- m1[1, , drop=FALSE]

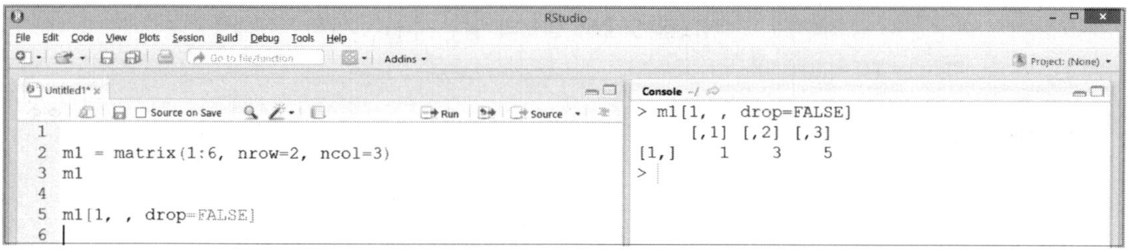

[그림 5-24] 행렬의 일부 추출하기(2)

- m1[, 1]

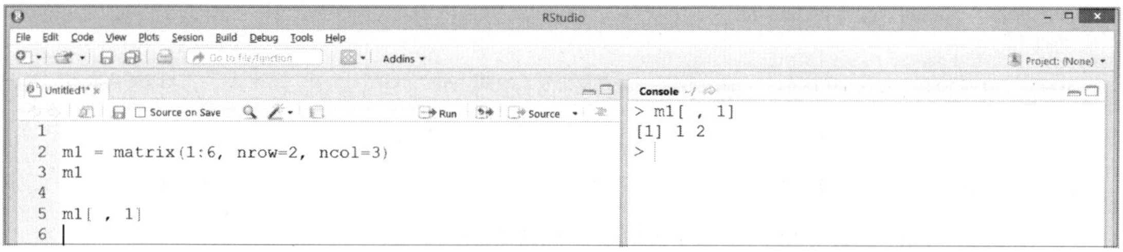

[그림 5-25] 행렬의 일부 추출하기(3)

m1[, 1]은 1열 추출하는 것으로 1, 2가 추출되었다. 하나의 열만 추출하면 최종적인 결과는 벡터가 되며, 하나의 열만 추출하더라도 행렬의 형태를 유지하고 싶으면 drop=FALSE를 넣는다.

- m1[, 1, drop=FALSE]

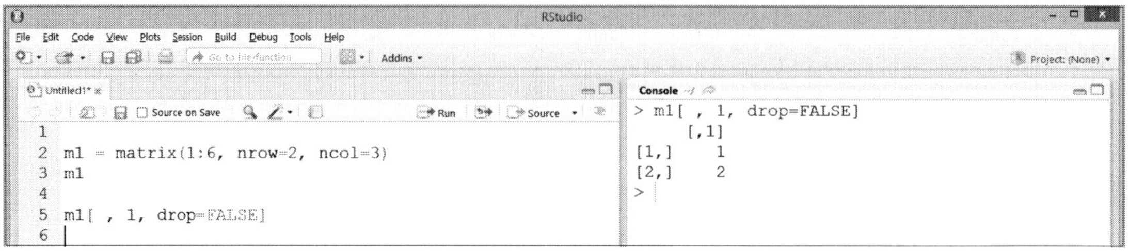

[그림 5-26] 행렬의 일부 추출하기(4)

- m1[, 2:3]

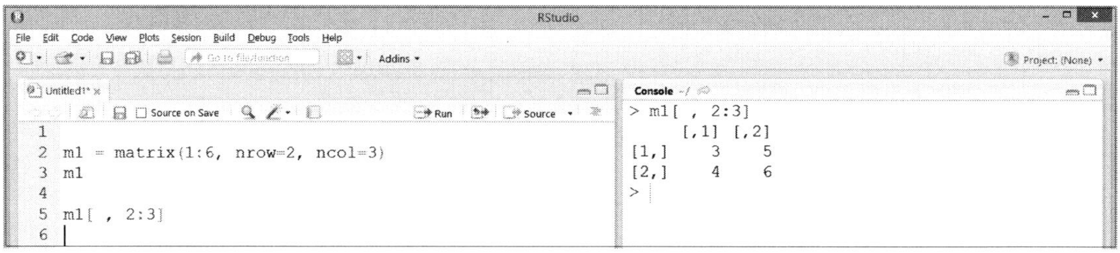

[그림 5-27] 행렬의 일부 추출하기(5)

m1[, 2:3]은 2열과 3열을 동시에 추출하며, 2개 이상의 열이나 2개 이상의 행을 추출하면 최종적인 결과는 행렬의 형태를 유지하게 된다. 추출하고 싶은 행이나 열이 연달아 있을 경우에는 콜론(:)를 사용하며, 일정한 간격으로 떨어져 있는 경우에는 seq( ) 함수를 사용하고, 일정한 규칙이 없을 때에는 c( ) 함수를 이용하여 추출하면 된다.

- m1[2, 2]

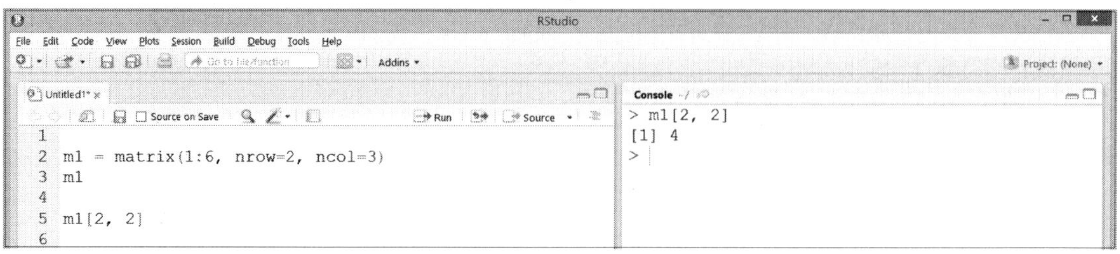

[그림 5-28] 행렬의 일부 추출하기(6)

m1[2, 2]은 2행 2열에 있는 원소를 추출하는 것으로 4가 된다.

(3) 행렬의 연산

행렬에서의 연산은 더하기, 빼기, 곱하기가 있다. 행렬 간의 더하기와 빼기는 행렬의 형태가 같아야 한다. 즉 행의 개수와 열의 개수가 동시에 같아야 한다. 그리고 같은 위치(index) 간에 더하기 또는 빼기의 연산이 된다. 예를 들어, 2행 2열인 2개의 A행렬과 B행렬 간에 더하기를 한다면 A행렬의 1행 1열과 B행렬의 1행 1열의 원소 간에 더하기를 하는 방식으로 된다. 행렬에서의 곱하기는 첫 번째 행렬의 열의 개수와 두 번째 행렬의 행의 개수가 동일해야 가능하며, 최종적인 결과는 첫 번째 행렬의 행의 개수가 행이 되며, 두 번째 행렬의 열의 개수가 열이 된다.

R에서는 두 행렬 간의 더하기, 빼기, 곱하기, 나누기가 가능하다. 하지만 곱하기와 빼기는 행렬에서 얘기하는 것과 다르다. R에서는 더하기와 빼기처럼 곱하기와 나누기도 동일한 방식으로 연산을 해준다. 즉 같은 위치(index) 간의 곱하기 또는 나누기 연산을 제공한다. 행렬에서 말하는 행렬 곱하기는 R에서는 %*% 연산자를 사용하면 된다. 또한 역행렬은 solve( ) 함수, 전치행렬은 t( ) 함수를 사용하여 구할 수 있다.

행렬과 R에서의 행렬 연산에 대해서 더 깊이 공부하고 싶은 분은 고려대학교 통계학과 허명회 교수님이 저술하신 《R을 활용한 행렬의 이해와 계산, 자유아카데미》을 참고하길 바란다.

2행 2열인 두 행렬 A와 B 간의 사칙연산을 R로 실습하면 다음과 같다.

- A = matrix(1:4, nrow=2, ncol=2)
- B = matrix(5:8, nrow=2, ncol=2)
- A + B
- A - B
- A * B
- A / B

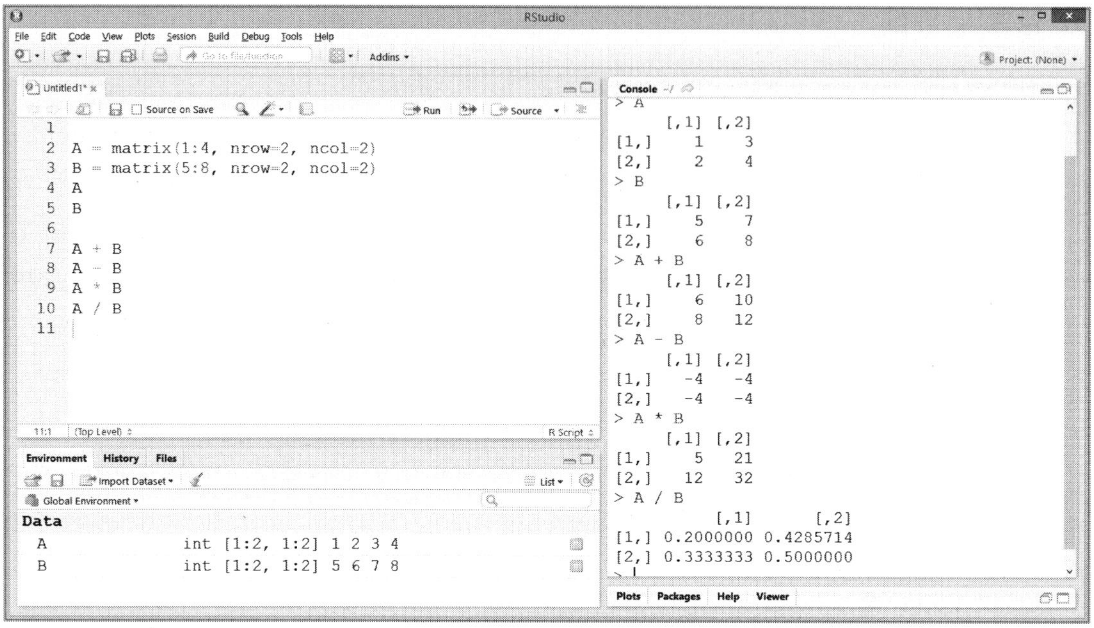

[그림 5-29] 행렬의 연산(1)

행렬에서 말하는 A×B는 R에서 %*%를 이용하여 계산한다. 참고로 행렬에서는 두 행렬 간에 교환법칙은 성립하지 않는다. 즉 A×B와 B×A의 결과는 항상 성립하는 것이 아니다.

- A %*% B
- B %*% A

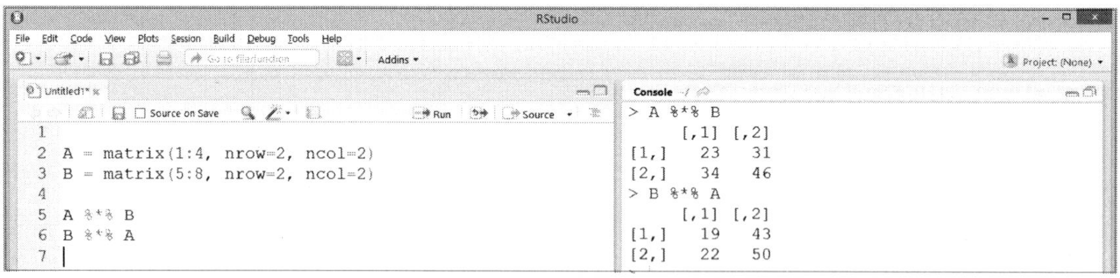

[그림 5-30] 행렬의 연산(2)

행렬에서의 역행렬은 solve( ) 함수를 이용하여 구한다. 참고로 역행렬이 존재하려면 행의 개수와 열의 개수가 같은 정방행렬이어야 하고, 또한 행렬식이 0이 아니어야 한다. A행렬의 역행렬은 다음과 같이 구한다.

• solve(A)

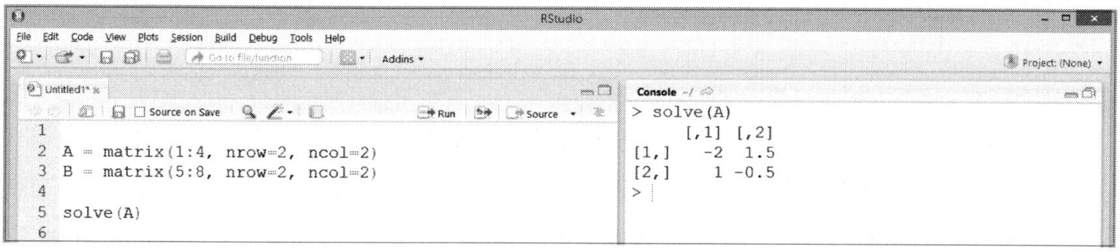

[그림 5-31] 행렬의 연산(3)

전치행렬은 행렬의 행과 열을 바꾼 것이다. R에서는 t( ) 함수를 이용하여 구한다.

• t(A)

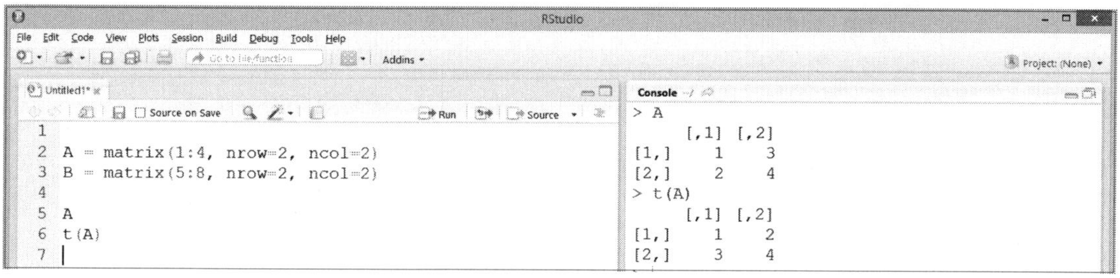

[그림 5-32] 행렬의 연산(4)

5.3 배열

배열(array)은 행렬의 확장으로 3차원 이상의 형태로 데이터를 가질 수 있다. 행렬의 확장이기 때문에 배열은 행렬의 속성을 대부분 유지한다. 행렬을 생성하는 방법은 array( ) 함수를 사용하면 되고, array( ) 함수에 벡터 형태로 데이터를 지정한 후 dim이라는 argument에 몇 차원으로 할지를 지정하면 된다. 만약에 1:8이라는 데이터를 행이 2개, 열이 2개, 높이 2개인 배열로 생성하고 싶으면 array(1:8, dim=c(2, 2, 2))으로 하면 된다.

- a1 = array(1:8, dim=c(2, 2, 2))

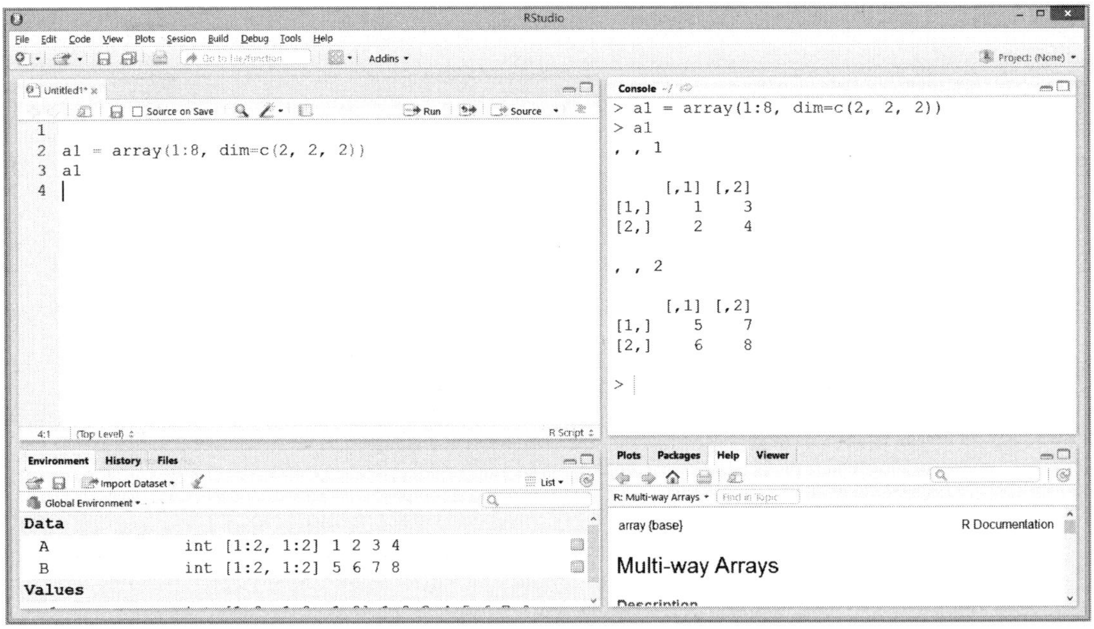

[그림 5-33] 배열

5.4 데이터 프레임

데이터 프레임(data frame)은 R의 대표적인 데이터 형태이다. 모양은 행렬구조로 되어 있지만 행렬과 다른 점이 있다. 행렬은 행렬의 원소 중에 하나라도 문자형 데이터가 있으면 행렬 전체는 문자형으로 다 바뀌게 된다. 하지만 데이터 프레임은 다른 열에 있는 데이터의 유형이 다른 열에 있는 데이터의 유형에 아무런 영향도 줄 수 없다. 행렬에서 length( ) 함수는 모든 행렬의 원소 개수를 알려주지만, 데이터 프레임에서 length( ) 함수는 열의 개수를 알려준다.

데이터 프레임을 생성하는 방법은 data.frame( ) 함수에 벡터나 행렬을 넣어 주면 된다. 그리고 외부 파일로 되어 있는 데이터를 R로 불러오면 데이터 프레임이 된다. 데이터 프레임의 속성은 행렬의 속성과 거의 동일하다. 자세한 내용은 8장에서 다루기로 한다.

- df1 = data.frame(id=1:3, age=c(20, 30, 40), gender=c(“F”, “M”, “M”))
- df1

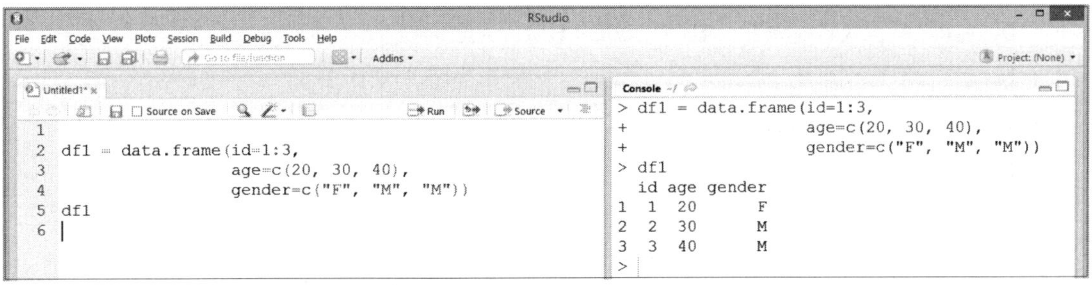

[그림 5-34] 데이터 프레임

5.5 요인

요인(factor)은 데이터를 질적 자료(또는 범주형 자료)로 변환해주는 기능이다. 질적 자료로 변경되면 집단별로 통계분석을 할 수 있다. factor( ) 함수를 사용하며, 그 사용 방법은 다음과 같다.

[표 5-9] factor( ) 함수의 사용법

argument	설명
x	벡터를 지정한다.
levels	그룹으로 지정할 문자형 벡터를 지정하며, levels를 쓰지 않으면 오름차순으로 구분하여 자체적으로 그룹을 지정한다.
labels	levels에 대한 문자형 벡터를 지정한다.
ordered	levels에 대해 특정한 순서를 정하고 싶으면 TRUE를 지정한다.

6명의 혈액형 데이터를 bt라는 벡터에 저장하고, bt라는 벡터를 요인(factor)로 변환해본다.

- bt = c("A", "O", "A", "AB", "O", "B")
- bt
- bt_factor = factor(bt)
- bt_factor

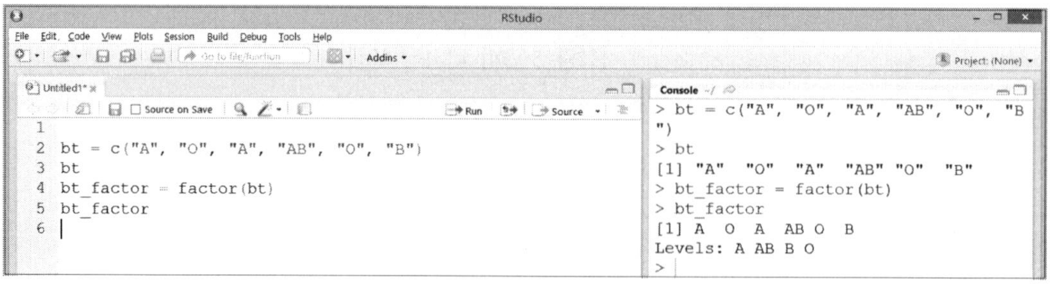

[그림 5-35] 요인(1)

bt_factor가 가지는 그룹(또는 집단)이 몇 개이며, 그 이름이 무엇인지를 알려면 levels( ) 함수를 사용하면 된다. 그리고 이름을 변경하고 싶으면 c( ) 함수를 이용하면 된다.

- levels(bt_factor)
- levels(bt_factor) = c("A형", "AB형", "B형", "O형")
- bt_factor

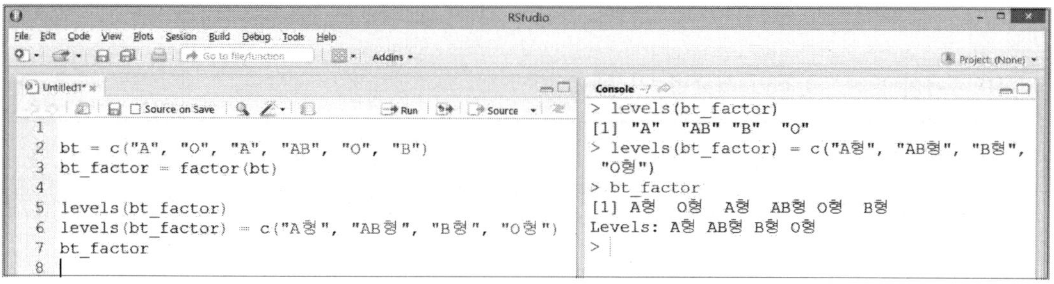

[그림 5-36] 요인(2)

5.6 리스트

리스트(list)는 주로 통계분석의 결과를 저장할 때 사용하는 데이터 형태이며, 리스트의 원소로 스칼라, 벡터, 행렬, 배열, 데이터 프레임, 요인 그리고 리스트 자신을 가질 수 있다. 사용 방법은 다음과 같다.

[표 5-10] list( ) 함수의 사용법

argument	설명
x	스칼라, 벡터, 행렬, 배열, 데이터 프레임, 요인, 리스트를 지정할 수 있다.

- s1 = 10
- v1 = 1:10
- m1 = matrix(1:4, nrow=2, ncol=2)
- a1 = array(1:8, dim=c(2, 2, 2))
- df1 = data.frame(id=1:3, age=c(20, 30, 40))
- f1 = factor(c("A", "O", "A", "AB", "O", "B"))
- result = list(s1, v1, m1, a1, df1, f1)

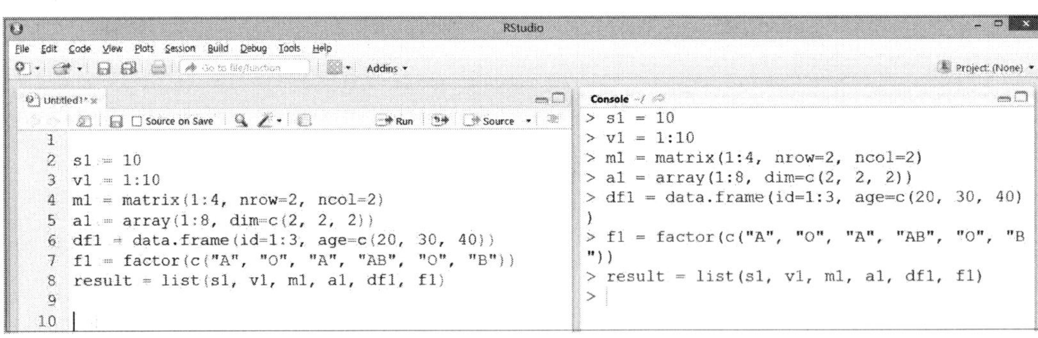

[그림 5-37] 리스트(1)

생성된 리스트를 보면 다음과 같다.

- result

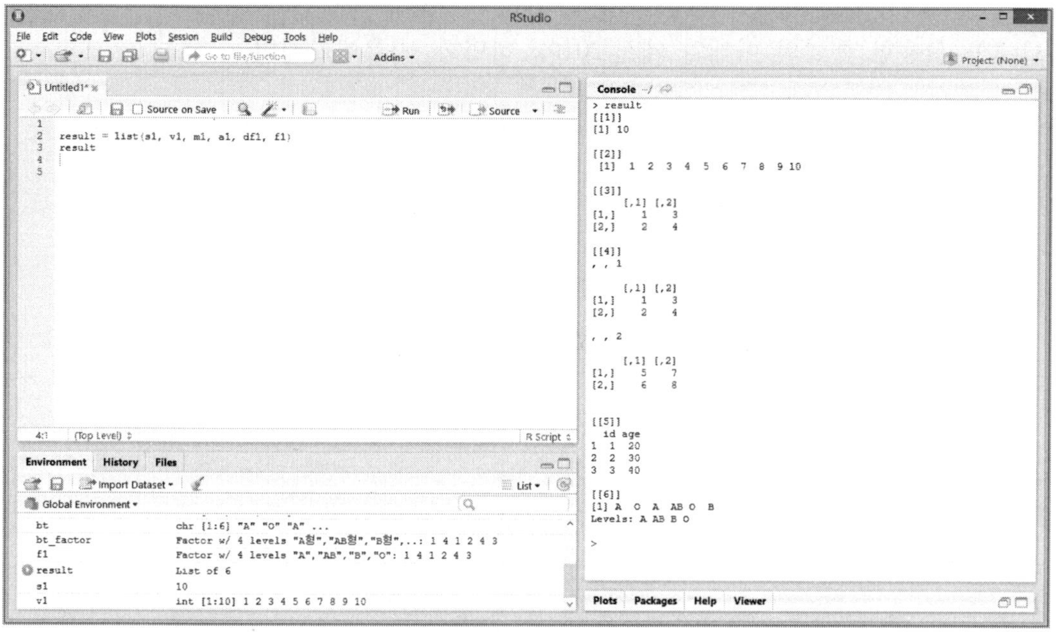

[그림 5-38] 리스트(2)

리스트(list)의 원소를 추출하는 방법은 두 가지가 있다. 대괄호([index]) 하나를 쓰는 것과 대괄호 2개([[index]]를 쓰는 것이 좋다. 대괄호를 하나를 쓰면 최종적인 결과가 리스트가 되며, 대괄호를 2개를 쓰면 최종적인 결과가 해당 원소의 데이터 형태가 된다.

- result[2]

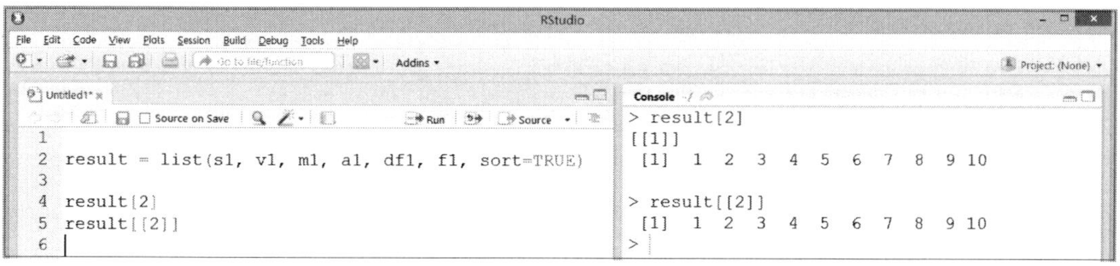

[그림 5-39] 리스트(3)

참고문헌 및 추천 자료

[1] R을 활용한 행렬의 이해와 계산(2010), 허명회, 자유아카데미

외부 데이터인 텍스트, 엑셀, CSV 형태의 데이터를 R에서 읽어오는 것을 학습한다.

외부 데이터 읽어오기

6.1 텍스트 데이터
6.2 엑셀 데이터
6.3 CSV 데이터

학습목표

- R에서 외부 데이터를 읽어올 수 있다.
- 텍스트 데이터를 읽어올 수 있다.
- 엑셀 데이터를 읽어올 수 있다.
- CSV 데이터를 읽어올 수 있다.

주요 용어

read.table ( ), 구분자, 패키지, install.packages ( ), library ( ), read_exce l( ), read.csv( )

분석하고 싶은 데이터는 일반적으로 R이 아닌 다른 파일로 저장되어 있다. 텍스트, 엑셀, CSV (Comma Separated Vaule), 그리고 오라클(Oracle)과 같은 데이터베이스(Data Base)로 되어 있다. 여기서는 텍스트, 엑셀, CSV로 되어 있는 데이터를 R에서 불러오는 방법만 다룬다. 참고로 데이터는 정형 데이터와 비정형 데이터로 구분할 수 있으며, 여기서는 정형 데이터만 다룬다. R에 대한 실력이 향상되면 비정형 데이터도 다룰 수 있을 것이다.

6.1 텍스트 데이터

텍스트 데이터는 데이터와 데이터를 구분하기 위해서 공백(blank), 콤마(comma), 탭(tab)과 같은 구분자(separator)를 사용한다. 텍스트 데이터를 R에서 읽어오기 위해서는 read.table( ) 함수를 사용하며, 그 사용 방법은 다음과 같다.

[표 6-1] read.table( ) 함수의 사용법

argument	설명
file	R에서 읽어올 외부 데이터가 있는 파일의 위치(경로)와 파일명(확장자 포함)을 문자형으로 지정한다.
header	논리형으로 TRUE를 지정하면 외부 데이터에 있는 변수명을 R 데이터에서도 동일하게 사용하며, FALSE를 지정하면 외부 데이터의 변수명을 사용하지 않고 R에서 자체적으로 변수명을 지정한다. 그 이름은 “V1”, “V2” 식으로 된다.
sep	구분자로 문자형 형태로 지정한다.
stringsAsFactors	문자형 데이터를 요인(factor)으로 자동으로 변경할 지를 설정한다. FALSE를 지정하면 문자형 데이터를 요인으로 변경하지 않고 문자형으로 읽어들인다.
na.strings	데이터에 결측치가 있거나 결측치로 지정할 내용을 문자형으로 지정한다.

(1) 구분자가 공백인 경우

구분자가 공백으로 되어 있는 경우는 다음과 같이 하면 된다. 만약에 R에서 불러오고 싶은 텍스트 데이터가 d드라이브에 blank.txt로 되어 있다면 다음과 같이 하면 된다.

- rblank = read.table(file="d:/blank.txt", header=TRUE, sep=" ")

(2) 구분자가 콤마인 경우

구분자가 콤마로 되어 있는 경우는 다음과 같이 하면 된다. 만약에 R에서 불러오고 싶은 텍스트 데이터가 d드라이브에 comma.txt로 되어 있다면 다음과 같이 하면 된다.

- rcomma = read.table(file="d:/comma.txt", header=TRUE, sep=",")

(3) 구분자가 탭인 경우

구분자가 탭으로 되어 있는 경우는 다음과 같이 하면 된다. 만약에 R에서 불러오고 싶은 텍스트 데이터가 d드라이브에 tab.txt로 되어 있다면 다음과 같이 하면 된다.

- rtab = read.table(file="d:/tab.txt", header=TRUE, sep="\t")

6.2 엑셀 데이터

R의 기본 기능으로는 엑셀 데이터를 읽어오는 함수가 없다. 새로운 기능을 설치해야 한다. 이러한 새로운 기능을 R에서는 패키지(package)라고 한다. R의 패키지에는 예제 데이터(data), 함수(function), 도움말(help), 예제(example)이 있다. 이 중에서 R의 패키지를 설치하는 가장 주된 이유는 새로운 기능을 제공하는 함수를 사용하기 위함이다.

패키지를 설치하는 방법은 install.packages("패키지명") 함수를 실행하면 된다. 새로운 패키지를 설치하기 위해서는 인터넷을 사용할 수 있는 환경이 되어야 한다. 엑셀 데이터를 읽어오는 기능을 제공하는 많은 패키지가 있지만 여기서는 최근에 해들리 위컴(Hadley Wickham)이 개발한 readxl 패키지를 다룬다. 엑셀 데이터를 쉽고 빠르게 불러올 수 있도록 해준다.

- install.packages("readxl")

패키지가 더 설치되고 나면 R과 패키지를 연결해주기 위해서 library(패키지명)을 해주어야 한다. 이것을 구동하기, 또는 로딩하기라고 한다.

- library(readxl)

패키지의 설치는 한 번만 하면 되지만 해당 패키지의 기능을 사용하기 위해서는 R을 다시 실행할 때마다 로딩하기를 매번 실행해 주어야 한다.

readxl 패키지에 있는 read_excel( ) 함수를 사용하면, 엑셀 데이터를 읽을 수 있다. 그 사용 방법은 다음과 같다.

[표 6-2] read_excel( ) 함수의 사용법

argument	설명
path	R에서 읽어올 외부 데이터가 있는 파일의 위치(경로)와 파일명(확장자 포함)을 문자형으로 지정한다.
sheet	엑셀 파일의 있는 시트(sheet) 중에서 어떤 시트인지를 지정하는 것으로 시트명을 알고 있으면 문자형으로 지정하며, 시트의 위치(index)를 알면 수치형으로 지정하면 된다.
col_names	논리형으로 엑셀에 있는 변수명을 사용할지를 의미한다. TRUE이면 엑셀에 있는 변수명을 사용한다.

d드라이브에 big.xls가 있고, Sheet1에 데이터가 있다고 가정하면 다음과 같이 엑셀 데이터를 불러올 수 있다. 엑셀은 2003 이하 버전인 경우에는 확장자가 xls이고, 2007 이상 버전인 경우에는 xlsx이다.

- rbig = read_excel(path="d:/big.xls", sheet="Sheet1", col_names=TRUE)
- rbig = read_excel(path="d:/big.xlsx", sheet="Sheet1", col_names=TRUE)

6.3 CSV 데이터

CSV 데이터는 엑셀 데이터의 특별한 형태로 콤마로 구분된 형태의 데이터이다. 이것은 R의 기본 기능으로 읽어올 수 있다. 참고로 CSV는 Comma Separated Value의 약자이다. CSV 데이터는 read.csv( ) 함수를 사용하면 되고, 그 사용 방법은 다음과 같다.

[표 6-3] read.csv( ) 함수의 사용법

argument	설명
file	R에서 읽어올 외부 데이터가 있는 파일의 위치(경로)와 파일명(확장자 포함)을 문자형으로 지정한다.
header	논리형으로 CSV 데이터 있는 변수명을 사용하려면 TRUE를 지정한다.

d 드라이브에 survey.csv 데이터가 있다면 다음과 같이 하면 된다.

- rsurvey = read.csv(file="d:/survey.csv", header=TRUE)

데이터의 가장 대표적인 형태인 데이터 프레임의 속성을 알아보고, 데이터 분석을 하기 전에 데이터 중에서 일부를 추출하거나 특정한 변수를 기준으로 오름차순 또는 내림차순으로 정렬하거나, 여러 개의 데이터를 합치는 방법을 학습하는 내용을 다룬다.

데이터 핸들링

7.1 데이터 프레임의 속성

7.2 데이터 추출하기

7.3 데이터 정렬하기

7.4 데이터 합치기

학습목표

- 데이터 프레임의 속성을 알 수 있다.
- 데이터에서 일부를 추출할 수 있다.
- 데이터를 정렬할 수 있다.
- 여러 데이터를 합칠 수 있다.

주요 용어

데이터 프레임, head( ), tail( ), str( ), 인덱스, 추출하기, 정렬하기, 합치기, sort, order, merge

데이터 분석의 사전 단계인 데이터 핸들링(data handling) 또는 데이터 전처리(data preprocessing) 작업으로 데이터 프레임(data.frame)의 속성을 알아보고, 일부의 데이터를 추출하여, 데이터를 정렬하고, 여러 개의 데이터를 합치는 방법을 다룬다.

여기서는 ggplot2 패키지 안에 있는 diamonds라는 예제 데이터를 사용한다.

- install.packages("ggplot2")
- library(ggplot2)

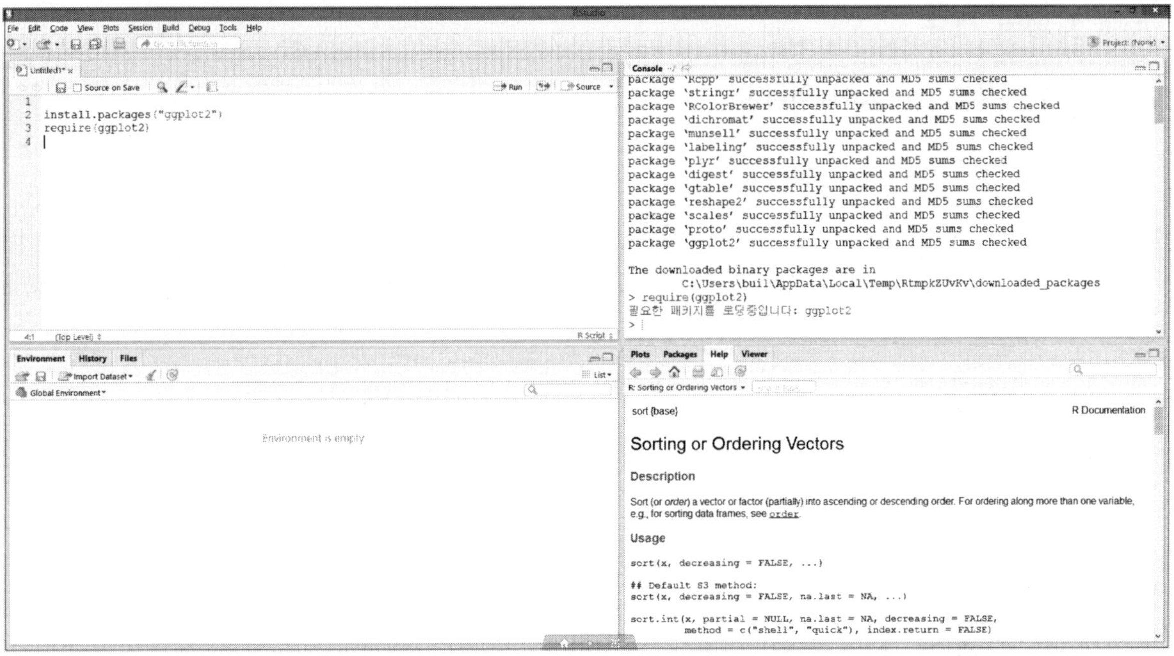

[그림 7-1] ggplot2 패키지 설치 및 로딩하기

7.1 데이터 프레임의 속성

데이터 프레임은 행과 열로 구성되어 있고, 여러 유형의 데이터를 가지는 특징이 있다. 데이터 프레임의 속성에는 행의 개수, 열의 개수, 행의 이름, 열의 이름, 차원, 차원의 이름이 있다.

(1) 행의 개수

 # 사용법 : nrow(데이터명)

- nrow(diamonds)

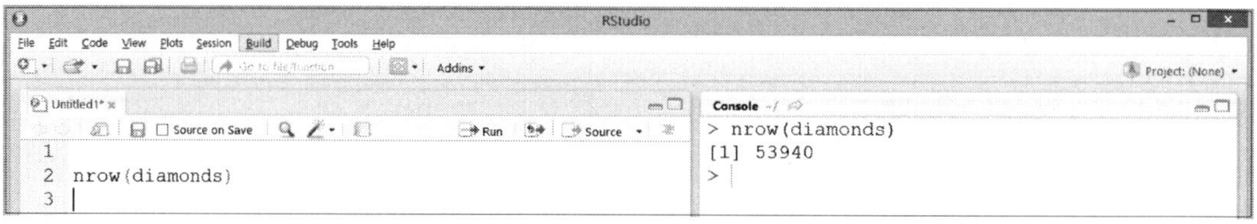

[그림 7-2] 행의 개수

(2) 열의 개수

 # 사용법 : ncol(데이터명)

- ncol(diamonds)

[그림 7-3] 열의 개수

(3) 행의 이름

사용법 : row.names(데이터명)

- row.names(diamonds)

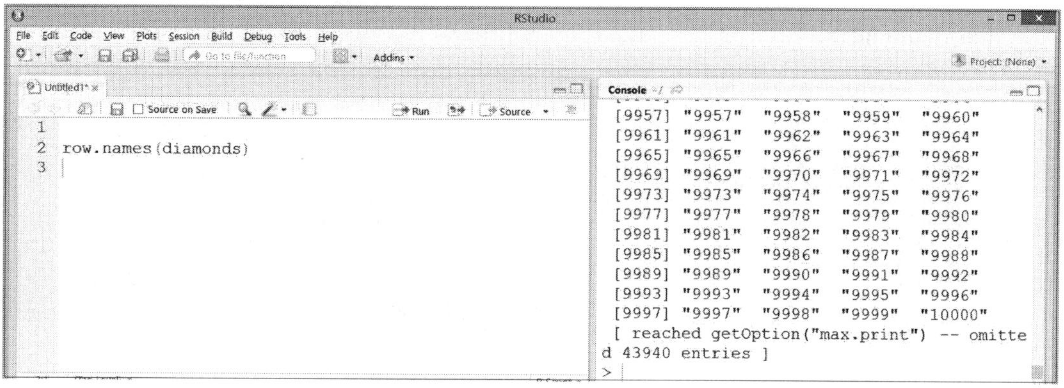

[그림 7-4] 행의 이름

기본적으로 행의 이름은 문자형이며, 1부터 시작하는 일련번호로 되어 있다. 행의 이름을 변경하고 싶으면 c( ) 함수나 paste( ) 함수 등을 이용하여 수정할 수 있다.

- row.names(데이터명) = paste("R", 1:53940, sep="")

(4) 열의 이름

사용법 : colnames(데이터명)

- colnames(diamonds)

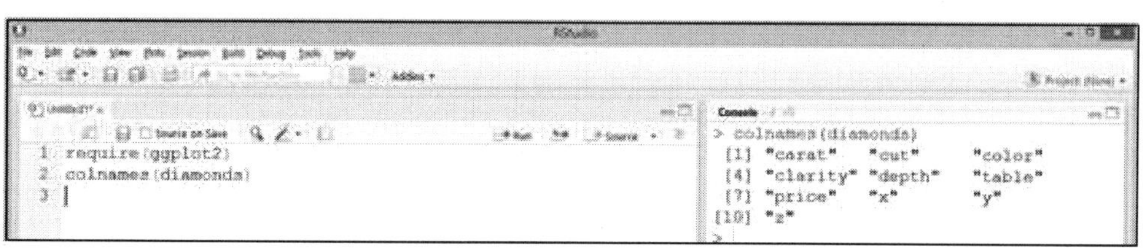

[그림 7-5] 열의 이름

열의 이름도 문자형으로 되어 있다. 열의 이름을 변경하려면 행의 이름과 동일하게 c( ) 함수나 paste( ) 함수 등을 이용하면 된다.

(5) 차원

차원(dimension)은 행과 열이 몇 개인지를 알려준다.

사용법 : dim(데이터명)

- dim(diamonds)

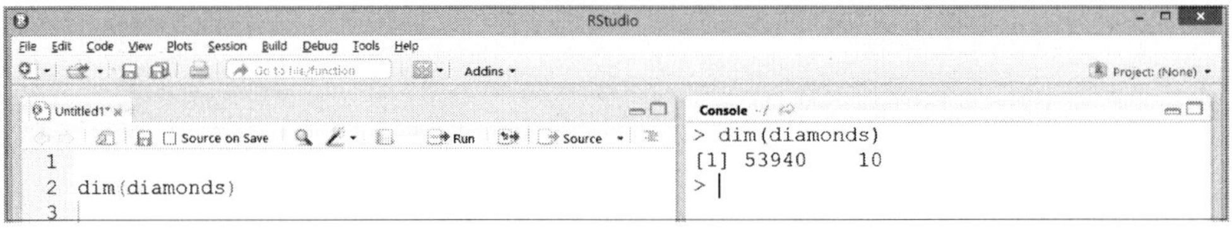

[그림 7-6] 차원

dim( ) 함수의 결과물에서 첫 번째 값은 행의 개수, 두 번째 값은 열의 개수이다.

(6) 차원의 이름

차원의 이름은 행의 이름과 열의 이름을 알려준다.

사용법 : dim(데이터명)

- dimnames(diamonds))

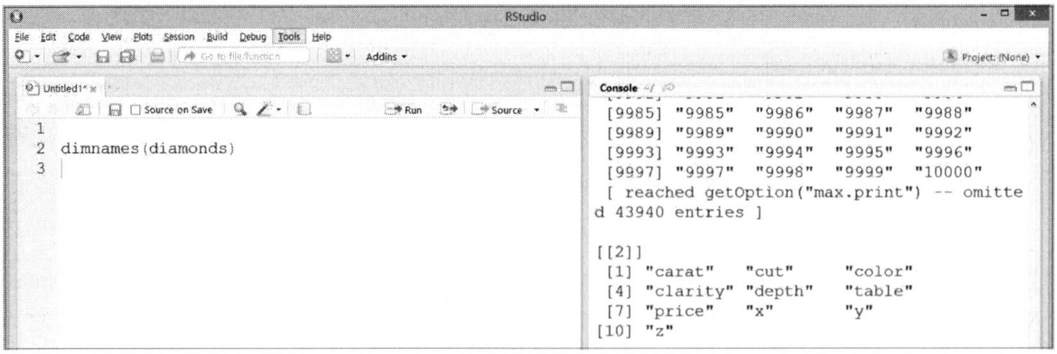

[그림 7-7] 차원의 이름

dimnames( ) 함수의 결과는 리스트 형태이며, 첫 번째가 행의 이름, 두 번째가 열의 이름이다.

(7) 데이터의 구조

데이터 프레임의 구조(structure)를 알아볼 수 있으며, str( ) 함수를 사용한다.

사용법 : str(데이터명)

- str(diamonds)

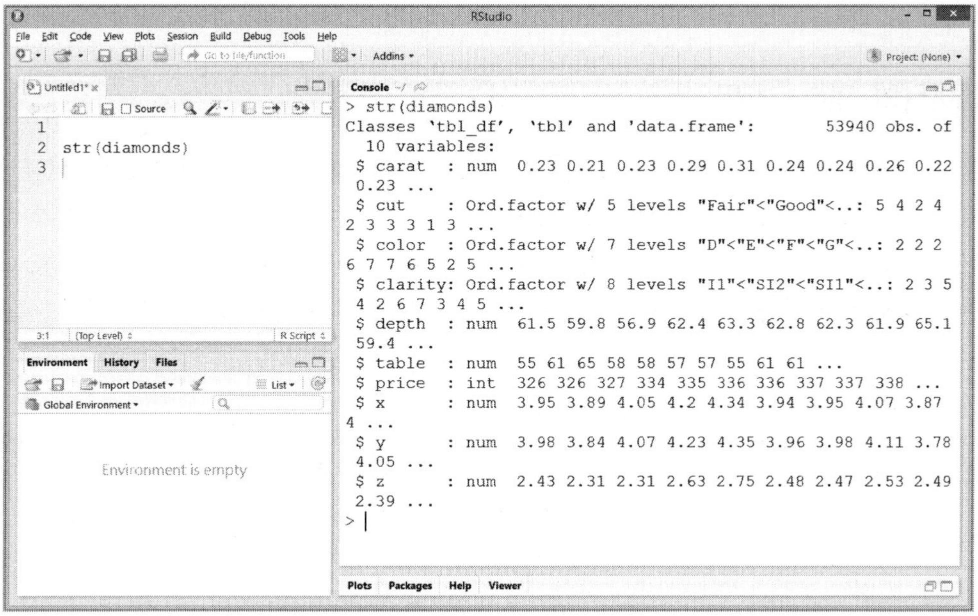

[그림 7-8] 데이터의 구조

데이터의 구조로 데이터의 형태, 행의 개수, 열의 개수, 변수명, 데이터의 유형 등을 알려준다.

추가적으로 length( ), NROW( ), NCOL( ), names( ) 함수도 있다. 데이터 프레임에서의 length( ) 함수는 열의 개수를 알려주고, NROW( ) 함수는 벡터와 데이터 프레임에서 동시에 사용할 수 있으며, 벡터에서는 벡터의 원소의 개수, 데이터 프레임에서는 행의 개수를 알려준다. NCOL( ) 함수도 NROW( ) 함수처럼 벡터와 데이터 프레임에서 동시에 사용할 수 있고, 벡터에서는 원소의 개수, 데이터 프레임에서는 열의 개수를 알려준다. names( ) 함수는 데이터 프레임에서 사용하면 열의 이름을 나타낸다.

7.2 데이터 추출하기

데이터에서 일부를 추출하는 것으로 특정한 열이나 행을 추출하거나 특정한 열과 행을 동시에 추출할 수 있다. 2개 이상의 열이나 행을 추출할 때는 벡터를 생성할 때 배웠던 c( ), : , seq( ), sequence( ), rep( ), paste( ) 함수와 문자형 관련 함수들을 이용한다.

(1) 데이터의 일부 보기

데이터 중에서 일부를 보기 위해서는 head( ) 함수와 tail( ) 함수를 사용하면 된다. 즉 head(데이터명), tail(데이터명)을 실행하면 된다. head( ) 함수는 데이터 중에서 1~6행의 데이터를 보여주고, tail( ) 함수는 데이터의 끝부분에 있는 6개 행의 데이터를 보여준다. head( ) 함수의 사용 방법은 다음과 같고, tail( ) 함수의 사용 방법은 동일하다.

[표 7-1] head( ) 함수의 사용법

argument	설명
x	객체로서 데이터 프레임을 지정한다.
n	정수형을 지정한다. 기본으로는 위쪽 중에서 6개의 행을 보여주며, 변경하려면 정수형으로 지정해주면 된다.

- head(diamonds)
- head(diamonds, n=10)

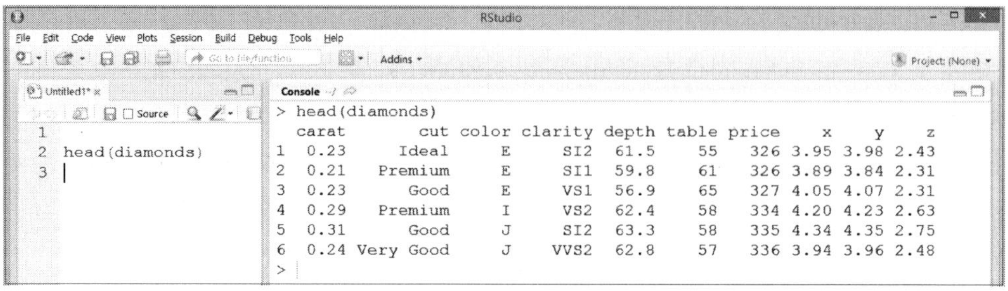

[그림 7-9] head( )

- tail(diamonds)
- tail(diamonds, n=10)

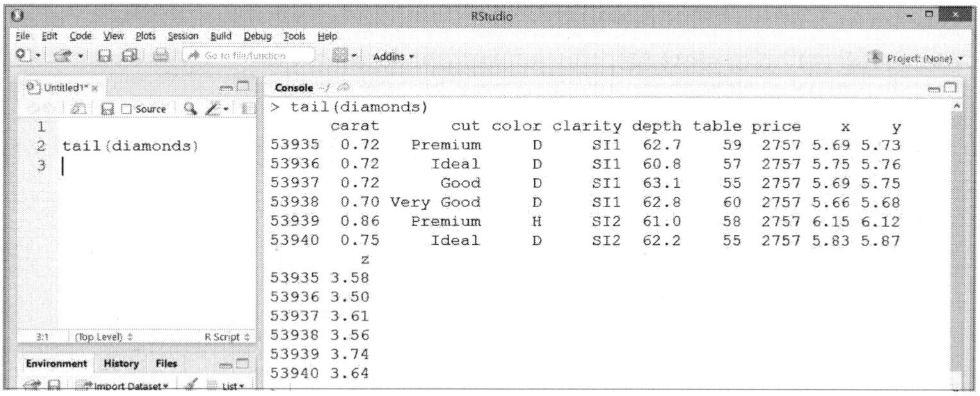

[그림 7-10] tail()

(2) 열 추출하기

데이터 프레임에서 특정한 열을 추출할 때에는 대괄호([ ])를 사용하고, 대괄호에 콤마(,)를 넣어서 행과 열을 구분한다. 즉, 데이터[행index, 열index] 형태로 추출한다.

- diamonds 데이터의 첫 열을 추출하려면 다음과 같이 한다.
- diamonds[, 1]

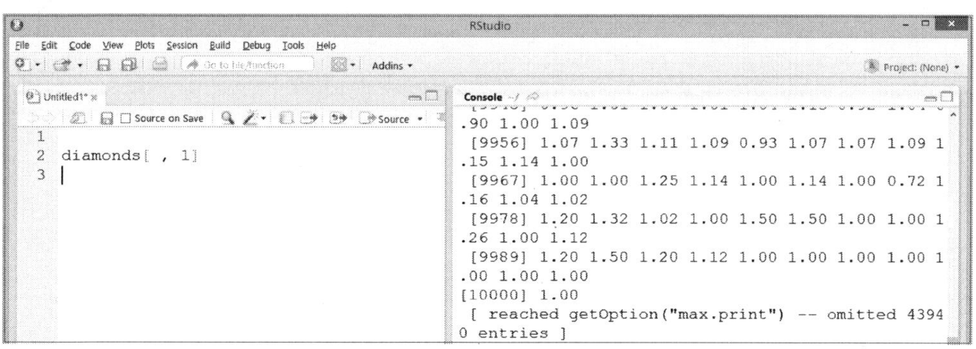

[그림 7-11] 열 추출하기(1)

데이터 프레임에서 하나의 열만 추출하거나 하나의 행만 추출하면 최종적인 결과는 벡터 형태가 된다. 하나의 열만 추출해도 최종적인 결과가 데이터 프레임을 유지하고 싶으면 drop=FALSE를 지정하면 된다.

- diamonds[, 1, drop=FALSE]

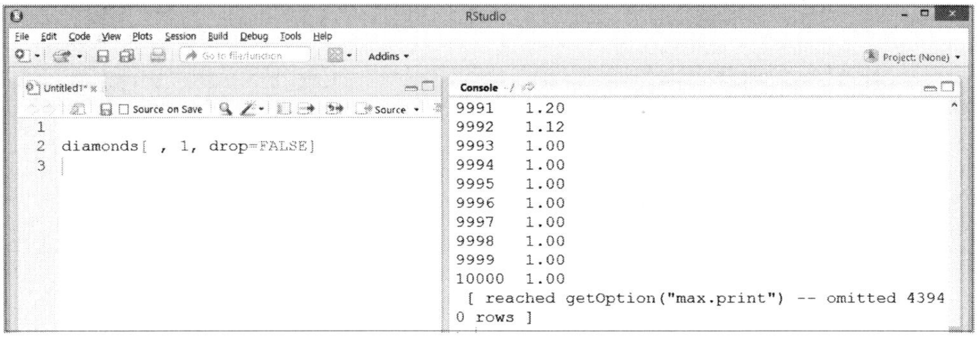

[그림 7-12] 열 추출하기(2)

2개 이상의 열을 추출하며, 인덱스에 규칙이 없을 때에는 c( ) 함수를 사용하면 된다. 1, 3, 4번째 열을 가져오려면 다음과 같이 한다.

- diamonds[, c(1, 3, 4)]

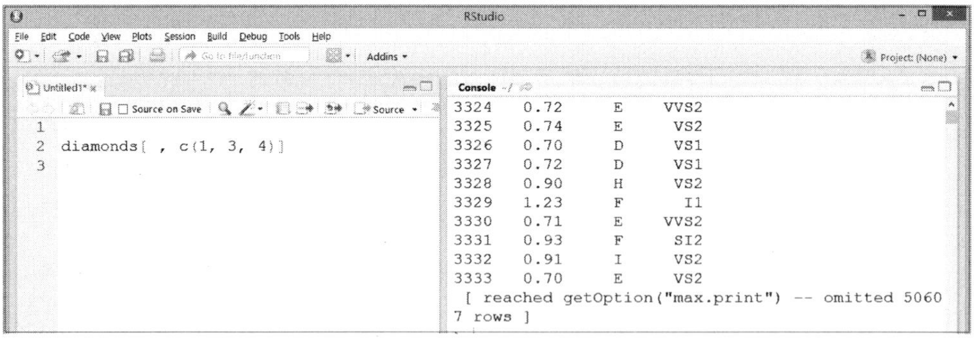

[그림 7-13] 열 추출하기(3)

2개 이상의 열을 추출하지만 연달아 있는 경우에는 콜론(:)를 사용한다. 2~5번째 열을 가져오면 다음과 같다.

• diamonds[, 2:5]

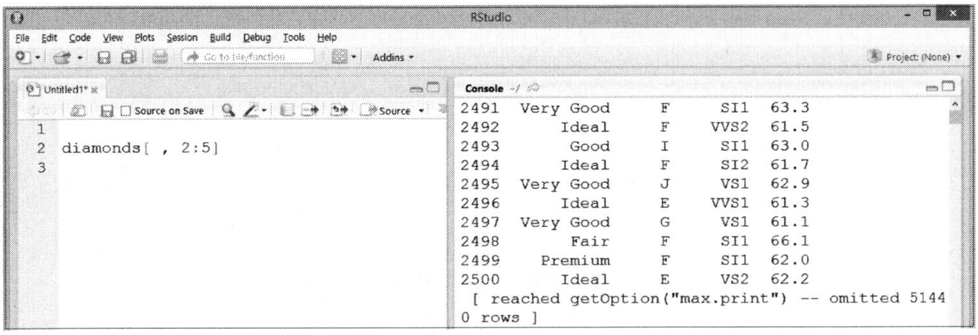

[그림 7-14] 열 추출하기(4)

2개 이상의 열을 추출하는 것으로 일정한 간격으로 떨어져 있는 열들을 추출할 때에는 seq( ) 함수를 사용한다. 홀수 번째의 열들을 추출하려면 다음과 같이 한다.

• diamonds[, seq(from=1, to=ncol(diamonds), by=2)]

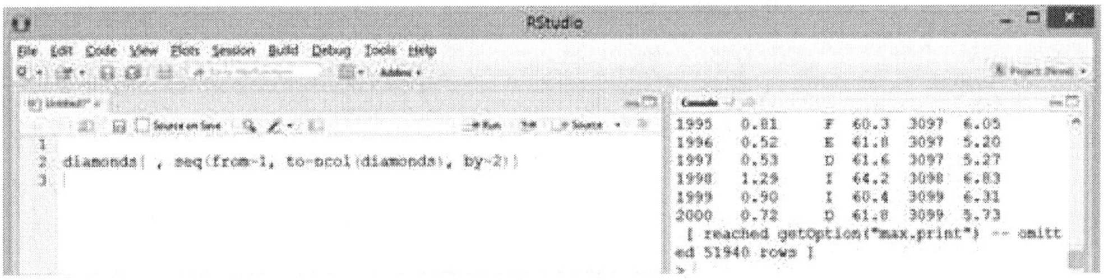

[그림 7-15] 열 추출하기(5)

지금까지는 추출하고 싶은 열의 위치(index)를 아는 경우이다. 위치를 모르고 변수명을 알고 있는 경우를 다룬다. 변수명이 x, y, z인 열을 추출하면 다음과 같다.

- diamonds[, c("x", "y", "z")]

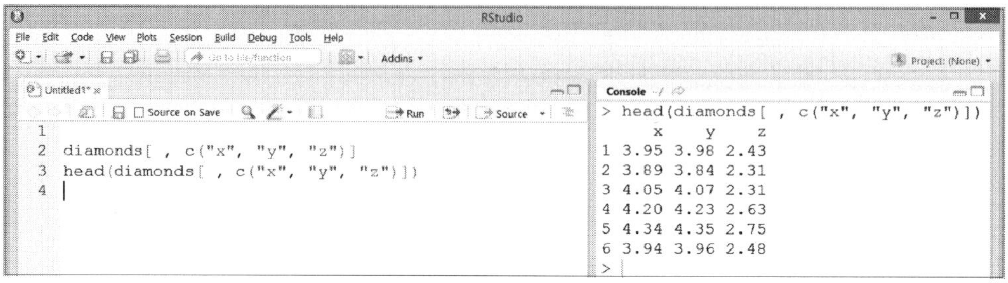

[그림 7-16] 열 추출하기(6)

변수명 중에서 특정 문자로 시작하거나 끝나거나 포함하고 있는 것을 추출할 때에는 grep( ) 함수를 이용한다. grep( ) 함수의 사용 방법을 간략히 소개하면 다음과 같다.

[표 7-2] grep( ) 함수의 사용법

argument	설명
pattern	특정한 문자로 시작하거나 끝나거나 포함하고 있는지를 문자형으로 표현한다. a로 시작하는 것은 "^a", a로 끝나는 것은 "a$", a를 포함하는 것은 "a"로 지정한다.
x	문자형 벡터를 지정한다.
value	논리형으로 TRUE를 지정하면 pattern을 만족하는 벡터의 값을 반환하고, FALSE를 지정하면 pattern을 만족하는 벡터의 위치(index)를 반환한다.

a라는 문자를 포함하고 있는 변수명들을 모두 추출하려면 다음과 같이 한다.

- diamonds[, grep("a", colnames(diamonds), value=TRUE)]
- diamonds[, grep("a", colnames(diamonds), value=FALSE)]

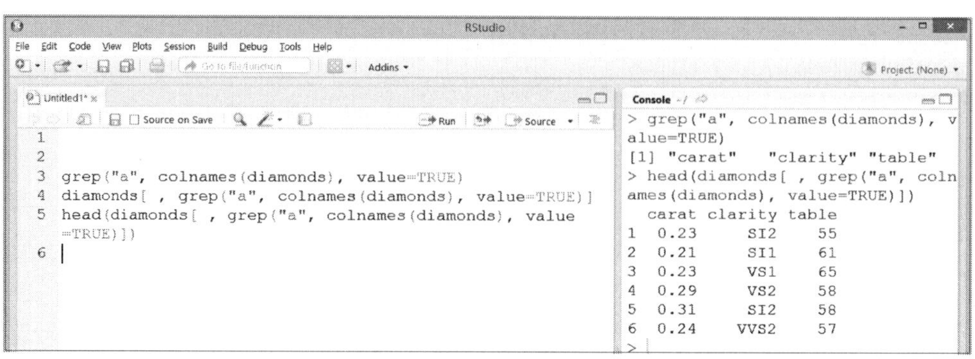

[그림 7-17] 열 추출하기(7)

문자 중에서 일부를 추출하는 것으로 substr( ) 함수가 있다. 변수명 중에서 일부의 문자를 추출하고, 추출된 문자형이 특정한 문자인지를 비교하여 특정한 열을 추출할 수 있다. 먼저 substr( ) 함수의 사용 방법은 다음과 같다.

[표 7-3] substr( ) 함수의 사용법

argument	설명
x	문자형 벡터를 지정한다.
start	추출할 문자의 첫 번째 위치를 정수형으로 지정한다.
stop	추출한 문자의 마지막 위치를 정수형으로 지정한다.

변수명 중에서 처음 2개의 문자를 추출하려면 다음과 같이 한다.

- substr(colnames(diamonds), start=1, stop=2)

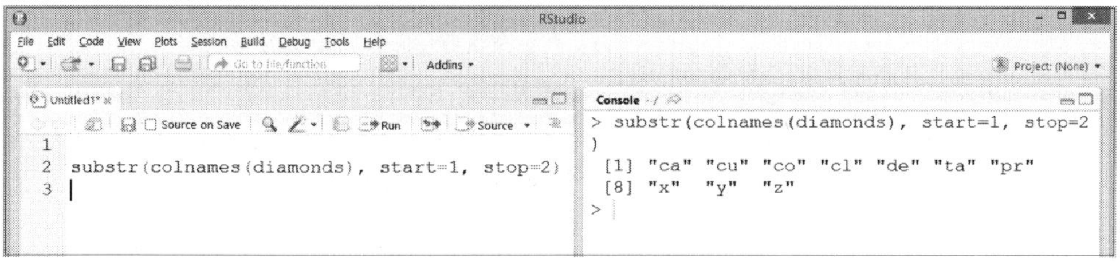

[그림 7-18] substr( )

변수명 중에서 처음 2개의 문자를 추출한 것이 “co”과 같은 열을 추출하려면 다음과 같이 한다.

- diamonds[, substr(colnames(diamonds), start=1, stop=2) == “co”]

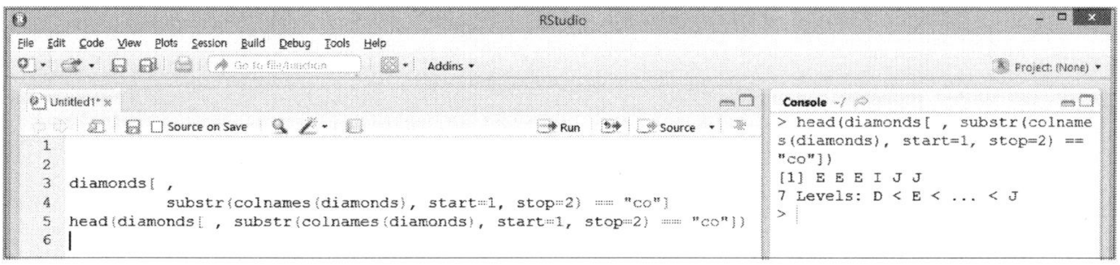

[그림 7-19] 열 추출하기(7)

(3) 행 추출하기

데이터 프레임에서 특정한 행을 추출할 때에는 열 추출하기에서 학습했던 대부분의 내용들을 적용할 수 있다. 몇 가지 특수한 형태의 행을 추출하는 방법을 소개한다.

diamonds 데이터에서 다이아몬드의 품질 상태를 나타내는 cut이라는 변수가 있다. cut에는 “Fair”, “Good”, “Very Good”, “Premium”, “Ideal”이 있다. 이 중에서 “Good”에 해당하는 행만 추출한다.

- diamonds[diamonds$cut == “Good”,]

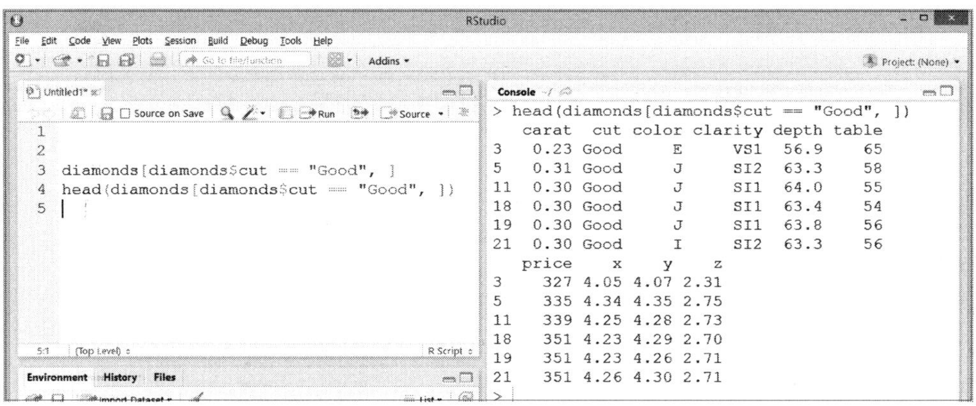

[그림 7-20] 행 추출하기(1)

diamonds의 가격이 10000달러 이상인 다이아몬드만 추출하려면 다음과 같이 한다. 다이아몬드의 가격을 나타내는 변수명은 price이다.

- diamonds[diamonds$price >= 10000,]

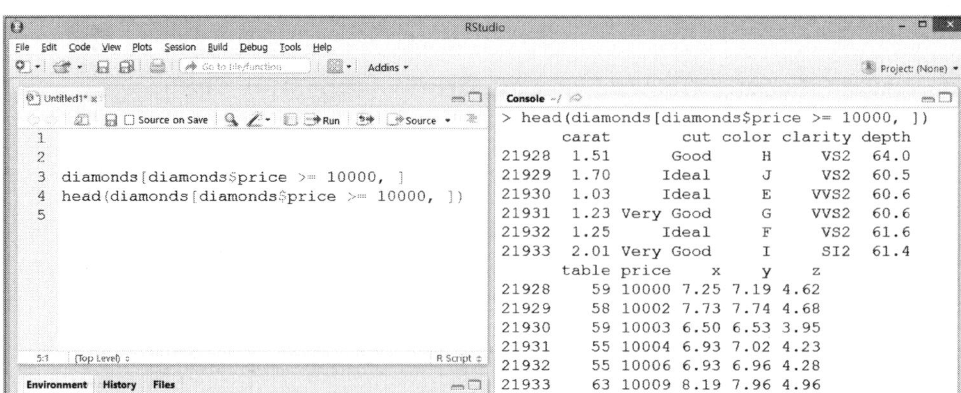

[그림 7-21] 행 추출하기(2)

다이아몬드의 품질이 "Good"이고 가격이 10000달러 이상인 다이아몬드를 추출하려고 한다. 두 가지 조건을 동시에 만족해야 한다. 2개의 조건을 동시에 만족할 때만 TRUE를 가지는 개념은 AND이다. R에서의 AND는 &를 사용한다. 참고로 &는 스칼라와 벡터에도 작동되며, &&도 동일하게 AND의 개념이지만 스칼라에서만 작동된다.

- diamonds[(diamonds$cut == "Good") & (diamonds$price >= 10000),]

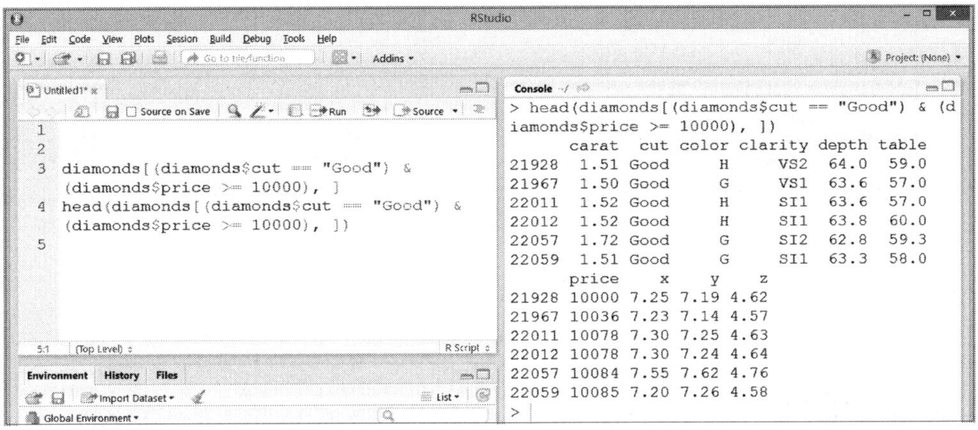

[그림 7-22] 행 추출하기(3)

이번에는 다이아몬드의 품질이 "Good"이거나 또는 가격이 10000달러 이상인 다이아몬드를 추출하려고 한다. 두 가지 조건 중에서 하나만 만족해도 된다. 2개의 조건 중에서 하나만 만족해도 TRUE가 되는 개념은 OR이다. R에서는 파이프(|)를 사용한다. 파이프가 2개인 ||도 OR 개념이 있지만 스칼라에서만 작동된다.

- diamonds[(diamonds$cut == “Good”) | (diamonds$price >= 10000),]

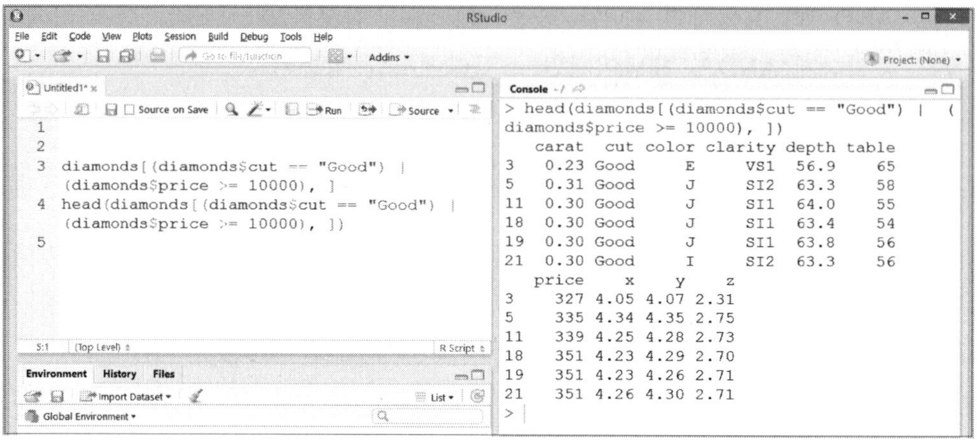

[그림 7-23] 행 추출하기(4)

(4) 행과 열 추출하기

데이터 프레임에서 행과 열을 동시에 추출하는 방법은 행과 열에 대해서 각각의 위치(index)를 지정하면 된다. 다이아몬드의 품질이 “Good”인 다이아몬드의 x, y, z 변수만 가져오려면 다음과 같이 한다.

- diamonds[diamonds$cut == “Good”, c(“x”, “y”, “z”)]

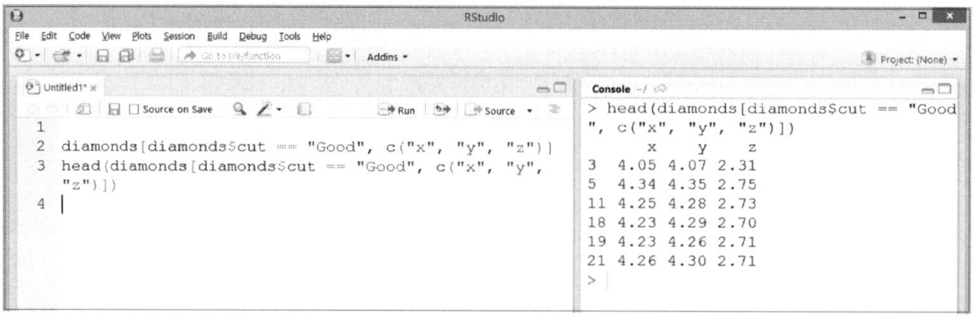

[그림 7-24] 행과 열 추출하기

7.3 데이터 정렬하기

데이터 정렬에는 오름차순과 내림차순이 있다. 오름차순은 데이터가 한글이면 'ㄱ'으로 시작하는 것이 가장 먼저 오고, 알파벳인 경우에는 'a'가, 숫자인 경우에는 가장 작은 값이 먼저 오도록 정렬하는 방식이다. 내림차순은 오름차순의 반대이다. R에서는 벡터를 정렬해 주는 sort( ) 함수와 데이터 프레임을 정렬하는 order( ) 함수가 있다.

벡터를 정렬해 주는 sort( ) 함수의 사용 방법은 다음과 같다.

[표 7-4] sort( ) 함수의 사용법

argument	설명
x	정렬하고 싶은 벡터를 지정한다.
decreasing	오름차순으로 정렬할 것인지, 내림차순으로 정렬할 것인지를 논리형으로 지정한다. 기본은 FALSE로 오름차순이며, TRUE를 지정하면 내림차순으로 정렬한다.

4명의 나이가 32, 27, 40, 15라고 하자. 이것을 age라는 이름으로 저장하고, 오름차순과 내림차순으로 정렬하면 다음과 같다.

- age = c(32, 27, 40, 15)
- sort(age) # 오름차순
- sort(age, decreasing=TRUE) # 내림차순

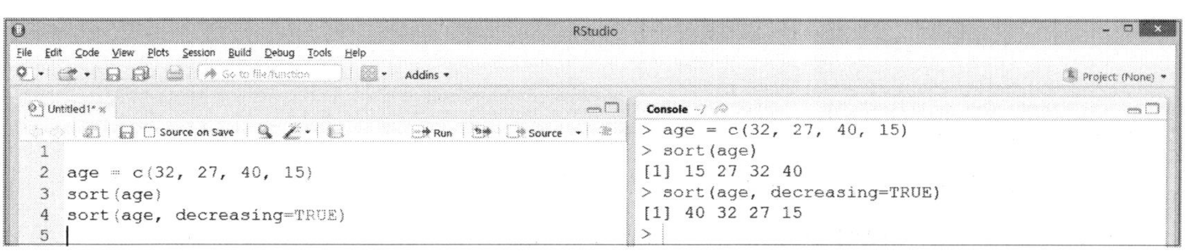

[그림 7-25] 벡터의 정렬 : sort( )

데이터 프레임 형태의 데이터를 정렬할 때에는 sort( ) 함수를 사용할 수 없고, order( ) 함수를 넣어야 한다. order( ) 함수의 사용 방법은 다음과 같다.

[표 7-5] order( ) 함수의 사용법

argument	설명
x	데이터 프레임 중에서 정렬하고 싶은 변수(열)를 지정한다.
decreasing	오름차순으로 정렬할 것인지, 내림차순으로 정렬할 것인지를 논리형으로 지정한다. 기본은 FALSE로 오름차순이며, TRUE를 지정하면 내림차순으로 정렬한다.

order( ) 함수의 최종적인 결과는 데이터 프레임을 정렬해 주는 것이 아니라 정렬했을 때의 위치(index)를 정수형으로 알려준다. 이 값을 데이터 프레임의 행의 위치(index)에 넣어주면 데이터 프레임이 정렬된다. 기본은 오름차순이다.

sort( ) 함수를 학습할 때에 사용했던 age를 이용하여 원리를 알아보자.

- age = c(32, 27, 40, 15)
- order(age) # 오름차순

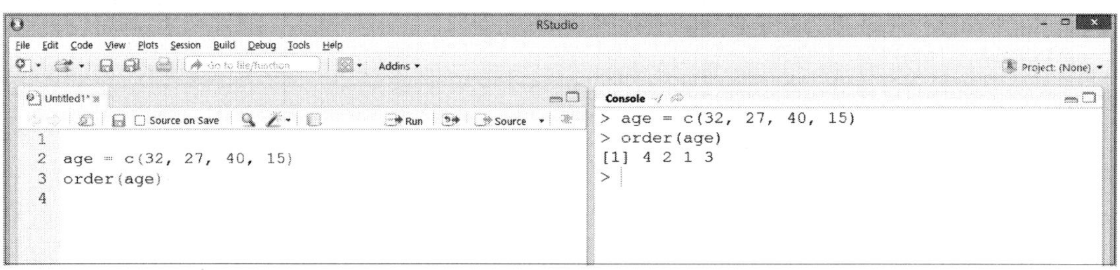

[그림 7-26] order( ) 함수를 이용한 벡터의 정렬(1)

order(age)의 최종적인 결과로 4, 2, 1, 3를 출력한다. 여기서 4는 정렬하지 않은 age의 네 번째 원소의 값이 정렬했을 때에 제일 먼저 온다는 뜻이다. 즉 15라는 값이 정렬했을 때에 제일 먼저 온다. 2는 정렬하지 않은 age의 두 번째 원소인 27이 정렬했을 때에 두 번째로 온다는 의미이다. 이 위치(index)를 age라는 벡터에 넣어 주면 sort( ) 함수의 결과와 같아진다.

- age[order(age)] # 오름차순
- age[order(age, decreasing=TRUE)] # 내림차순

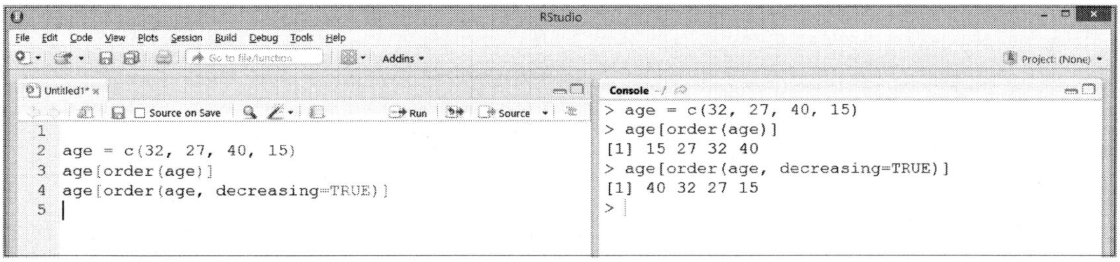

[그림 7-27] order( ) 함수를 이용한 벡터의 정렬(2)

order( ) 함수가 이해되었으면, order( ) 함수를 이용하여 데이터 프레임을 정렬해보자. diamonds의 price 변수를 이용하여 오름차순 또는 내림차순으로 정렬하면 다음과 같다.

- diamonds[order(diamonds$price),] # 오름차순

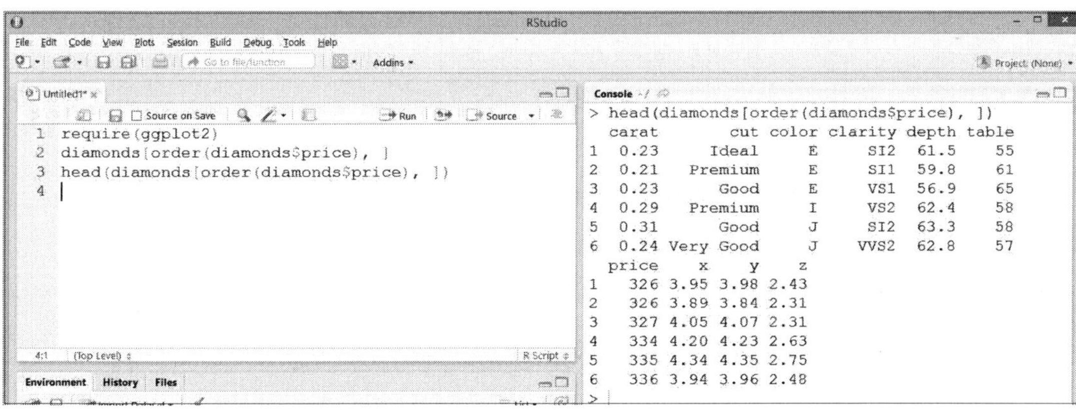

[그림 7-28] order( ) 함수를 이용한 데이터 프레임의 정렬(1)

- diamonds[order(diamonds$price, decreasing=TRUE),] # 내림차순

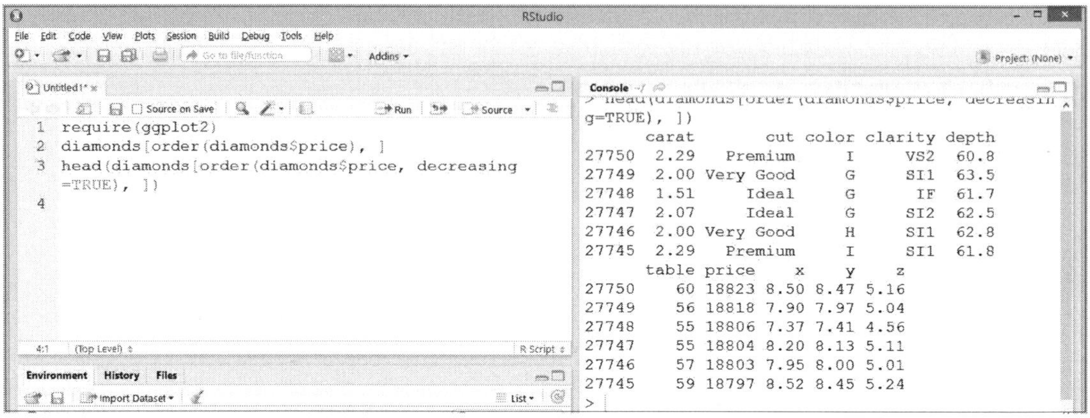

[그림 7-29] order( ) 함수를 이용한 데이터 프레임의 정렬(2)

2개 이상의 변수를 기준으로 정렬하고 싶으면 order( ) 함수에 해당 변수들을 콤마(,)로 구분해서 넣어주면 된다. 우선순위는 order( ) 함수에 먼저 들어간 변수명이 갖는다. 기본은 오름차순이고, 내림차순으로 하려면 decreasing=TRUE를 지정하면 된다.

cut 변수를 기준으로 오름차순 정렬하고, 그 다음으로 price를 기준으로 오름차순으로 정렬하려면 다음과 같이 한다.

- diamonds[order(diamonds$cut, diamonds$price),]

cut 변수를 기준으로 내림차순 정렬하고, 그 다음으로 price를 기준으로 내림차순으로 정렬하려면 다음과 같이 한다.

- diamonds[order(diamonds$cut, diamonds$price, decreasing=TRUE),]

x 변수를 기준으로 오름차순 정렬하고, 그 다음으로 y 변수를 기준으로 내림차순으로 정렬하려면 다음과 같이 한다. 기본은 오름차순이며, 해당 변수 앞에 -를 붙이면 기본의 반대가 되어 내림차순이 된다. 이렇게 할 수 있는 것은 해당 변수가 수치형으로 되어 있을 때이다.

- diamonds[order(diamonds$x, -diamonds$y),]

cut 변수를 기준으로 오름차순 정렬하고, 그 다음으로 color 변수를 기준으로 내림차순으로 정렬하려면 어떻게 해야 할까? diamonds[order(diamonds$cut, -diamonds$color),]를 생각할 수 있다. 하지만 실행을 하면 오류(error)가 발생한다. 그 이유는 cut과 color 변수가 factor 형태 또는 문자형으로 되어 있기 때문이다. 이 문제를 해결하는 방법은 새로운 패키지를 설치하는 것이다. data.table 패키지에 setorder( ) 함수가 있다. 다른 패키지에도 있을 수 있다. 여기서는 data.table 패키지의 setorder( ) 함수만 소개한다. 참고로 data.table 패키지는 데이터를 핸들링할 때 매우 유용한 기능이다.

- install.packages(“data.table”)
- require(“data.table”)
- diamonds_dt = as.data.table(diamonds) #데이터 프레임을 데이터 테이블로 변환
- setorder(daimonds_dt, cut, -color)

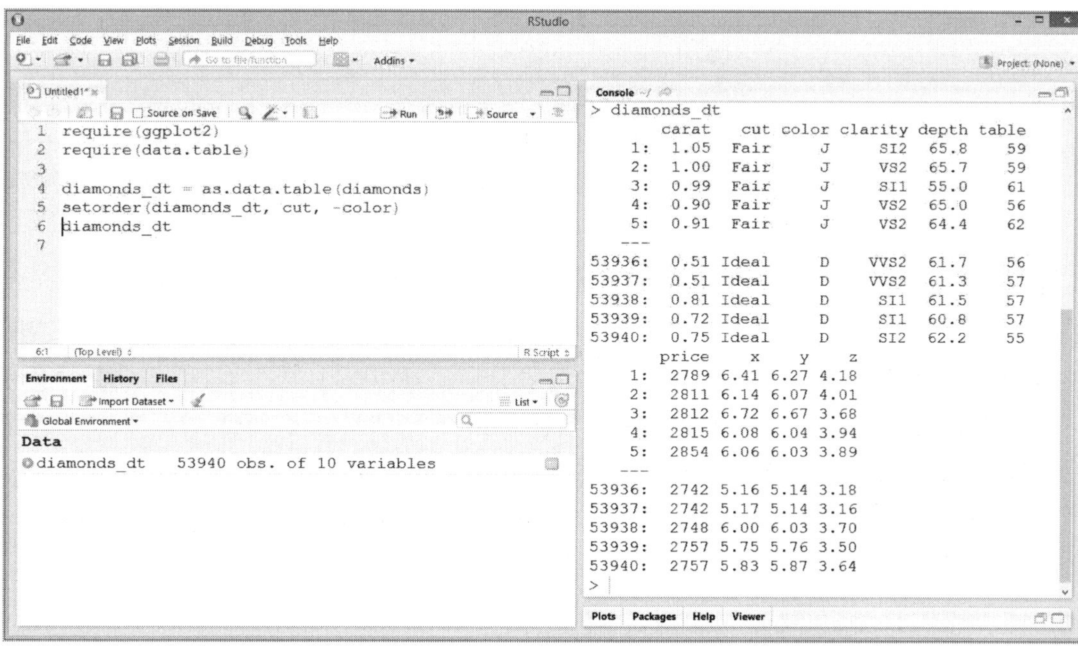

[그림 7-30] data.table 패키지의 setorder( ) 함수를 이용한 정렬

7.4 데이터 합치기

2개 이상의 데이터를 합치는 방법은 [그림 7-31]처럼 위/아래로 합치는 것과 왼쪽/오른쪽으로 합치는 방법이 있다.

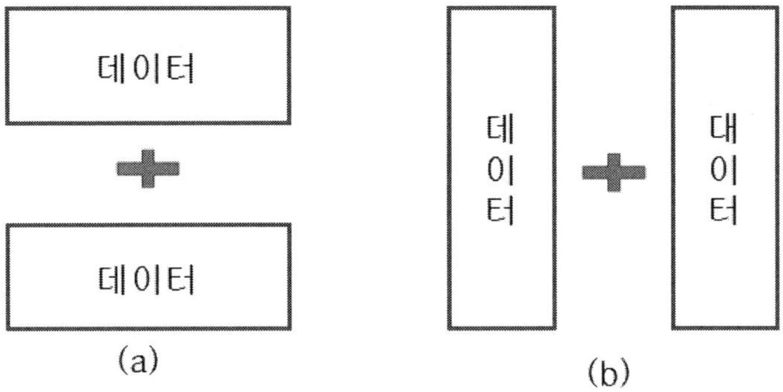

[그림 7-31] 데이터 합치기(1)

[그림 7-31]의 (a)는 동일한 주제를 여러 사람들에게 조사한 후 하나의 데이터에 A지역 사람들의 데이터만 저장했고, 다른 데이터에는 B지역 사람들의 데이터만 저장했다고 할 때 두 데이터를 합치는 방식이다. [그림 7-31]의 (b)는 두 데이터가 각각 다른 정보를 저장하고 있을 때에 합치는 방식이다. 예를 들면, A는 고객의 인적사항에 대한 정보를 저장하고 있는 데이터이고, B는 고객들의 소비 정보를 저장하고 있는 데이터라고 할 때, 두 데이터를 합치는 방식이다. [그림 7-31]의 (a) 방식은 rbind( ) 함수를 이용하고, (b) 방식은 merge( ) 함수를 이용한다.

(1) rbind( ) 함수를 이용

먼저 [그림 7-31]의 (a)방식을 다루면 다음과 같다.

- df1 = data.frame(id=1:3, gender=c("M", "M", "F"), age=c(10, 20, 30))
- df2 = data.frame(id=4:5, gender=c("F", "F"), age=c(40, 50))
- rbind(df1, df2)

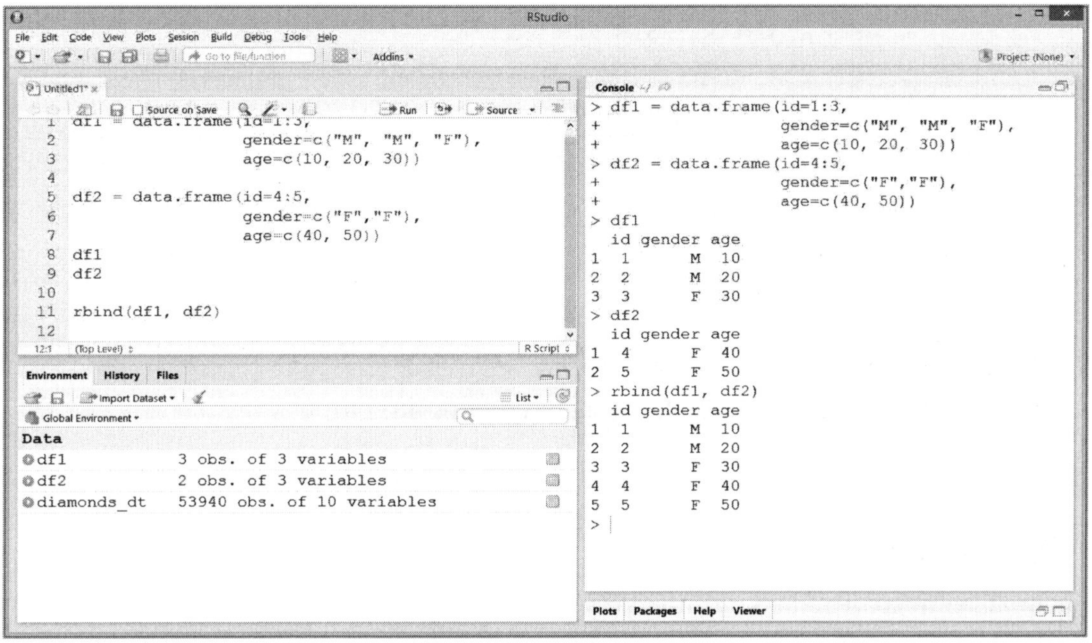

[그림 7-32] 데이터 합치기(2)

(2) merge( ) 함수를 이용

[그림 7-31]의 (b) 방식은 merge( ) 함수를 이용하며, 네 가지 join 방법이 있다. inner join, outer join(full join, left join, right join)이다. merge( ) 함수의 사용 방법은 다음과 같다.

[표 7-6] merge( ) 함수의 사용법

argument	설명
x	합쳐질 첫 번째 데이터를 지정한다.
y	합쳐질 두 번째 데이터를 지정한다.
by	두 데이터를 합칠 때에 사용할 변수명으로 두 데이터에 공통적으로 있는 변수이어야 하며, 이 변수는 각각의 데이터를 식별할 수 있어야 한다.
all	논리형으로 TRUE를 지정하면 full join 방식으로 두 데이터가 합쳐진다.
all.x	논리형으로 TRUE를 지정하면 left join 방식으로 두 데이터가 합쳐진다.
all.y	논리형으로 TRUE를 지정하면 right join 방식으로 두 데이터가 합쳐진다.

- df3 = data.frame(id=1:3, gender=c(“M”, “M”, “F”))
- df4 = data.frame(id=c(1, 2, 4, 5), age=c(10, 20, 40, 50))

① inner join

inner join은 두 데이터에 공통으로 기준이 되는 변수가 가지는 값의 교집합(intersecion), 즉 동일한 것만 합쳐지는 것을 말한다.

- merge(df3, df4, by=“id”)

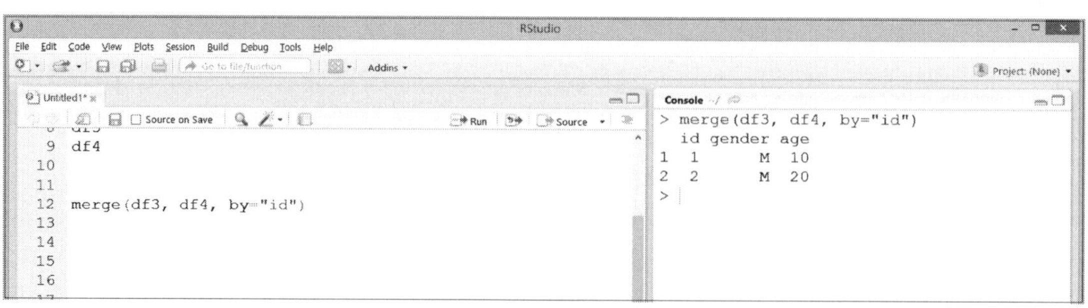

[그림 7-33] 데이터 합치기(3)

② full join

full join은 두 데이터에 공통으로 기준이 되는 변수가 가지는 값의 합집합(union)만 합쳐지는 것을 말한다. 두 데이터의 기준이 되는 변수의 값이 없는 경우에는 수치형인 경우에는 NA, 문자형인 경우에는 <NA>가 된다. 즉 결측치(또는 결측값, missing value)가 된다.

- merge(df3, df4, by="id", all=TRUE)

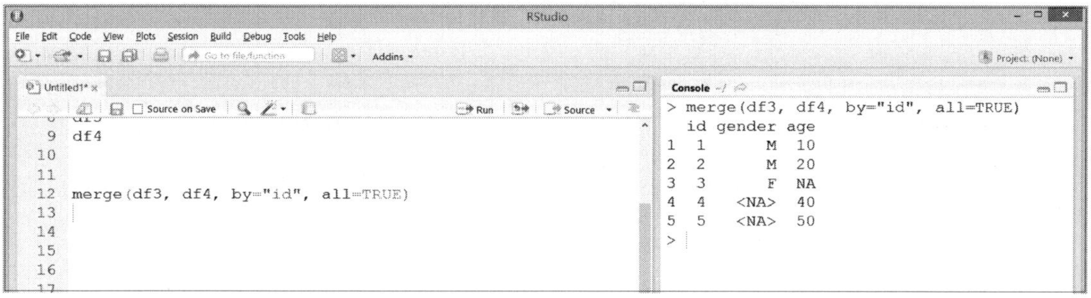

[그림 7-34] 데이터 합치기(4)

③ left join

left join은 두 데이터에 공통으로 기준이 되는 변수가 가지는 값 중에서 첫 번째 들어가는 데이터의 값에 대하여 두 번째 데이터와 일치하는 경우에는 두 번째 데이터의 값을 가져오며, 일치하지 않을 경우에는 NA가 된다.

- merge(df3, df4, by="id", all.x=TRUE)

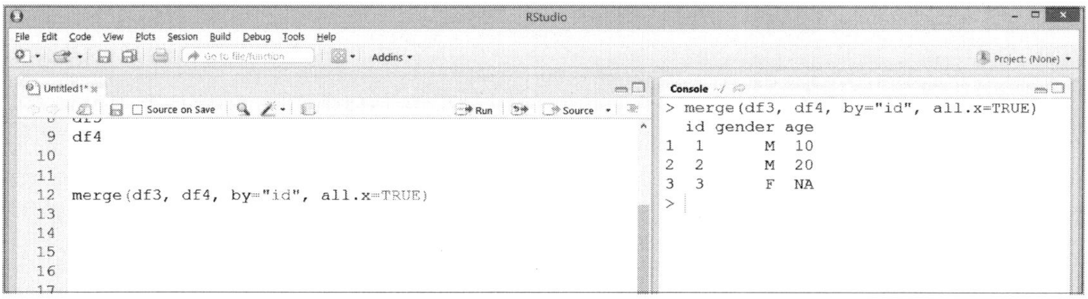

[그림 7-35] 데이터 합치기(5)

④ right join

right join은 두 데이터에 공통으로 기준이 되는 변수가 가지는 값 중에서 두 번째로 들어가는 데이터의 값에 대하여 첫 번째 데이터와 일치하는 경우 첫 번째 데이터의 값을 가져오며, 일치하지 않을 경우에는 NA가 된다.

- merge(df3, df4, by="id", all.y=TRUE)

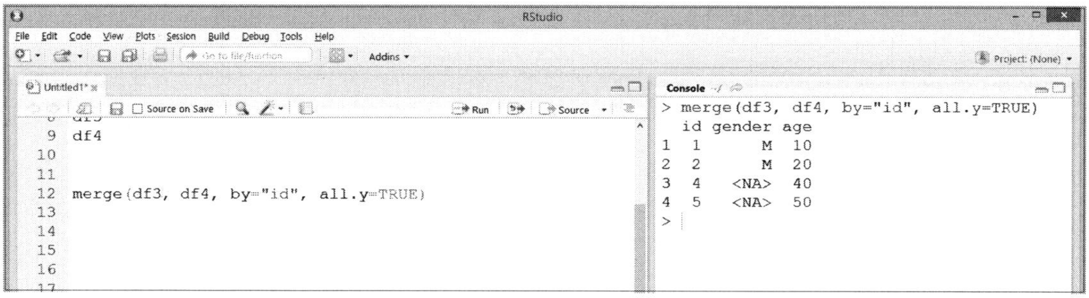

[그림 7-36] 데이터 합치기(6)

참고로 data.table 패키지에도 merge( ) 함수가 있고, 사용 방법도 거의 같다. 자세한 내용은 cran.r-project.org/web/packages/data.table/data.table.pdf를 참조하면 된다.

참고문헌 및 추천 자료

[1] http://www.endmemo.com/program/R/grep.php

[2] https://ko.wikipedia.org/wiki/%EA%B8%B0%EB%B3%B8_%ED%82%A4

[3] https://cran.r-project.org/web/packages/data.table/data.table.pdf

일변량 질적 자료를 분석하는 방법으로 표(빈도, 백분율)와 그래프(막대그래프, 원그래프)가 있고, 이것을 통하여 자료가 가지는 중요한 특징을 찾아내며, R 프로그램을 이용하여 빈도, 백분율, 막대그래프, 원그래프 작성하는 것을 학습한다.

일변량 질적 자료의 분석

8.1 빈도와 백분율의 개념

8.2 막대그래프와 원그래프의 특징

8.3 R을 이용한 일변량 질적 자료의 분석

학습목표

- 빈도, 백분율의 개념을 이해할 수 있다.
- 막대그래프와 원그래프를 해석할 수 있다.
- R을 이용하여 빈도, 백분율, 막대그래프, 원그래프를 작성할 수 있다.

주요 용어

빈도, 백분율, 막대그래프, 원그래프, table, prop.table, barchart, pie

일변량 질적 자료(univariate qualitative data)를 분석하는 방법으로는 표(table)와 그래프(graph)가 있다. 표에는 빈도(frequency)와 백분율(percent)이 있고, 그래프에는 막대그래프(bar chart)와 원그래프(pie chart)가 있다.

8.1 빈도와 백분율의 개념

빈도는 자료가 가지는 각각의 값이 몇 개가 있는지를 구한 수치이며, 백분율은 자료가 가지는 각각의 값이 전체를 100으로 보았을 때에 얼마나 차지하고 있는지를 알려주는 수치이다. 예를 들어, ggplot2 패키지에서 제공하는 diamonds라는 예제 데이터에는 다이아몬드의 품질을 조사한 cut이라는 변수가 있다. cut에는 'Fair', 'Good', 'Very Good', 'Premium', 'Ideal'로 다섯 가지로 구성되어 있다. 이것을 표로 작성하면 다음과 같다.

[표 8-1] 다이아몬드 품질의 현황

구분	빈도	백분율(%)
Fair	1,610	3.0
Good	4,906	9.1
Very Good	12,082	22.4
Premium	13,791	25.6
Ideal	21,551	40.0
합계	53,940	100.0

Fair의 빈도는 1610이고, Fair의 백분율은 3.0%로 나타났고, 'Ideal'의 빈도가 21551이고, 백분율은 40.0%로 다이아몬드의 품질 상태로 가장 많이 차지하고 있음을 알 수 있다.

데이터를 분석할 때에는 다양한 관점으로 분석된 결과를 해석하고 표현할 수 있기 때문에 정답은 없다. 하지만 표를 작성할 때에는 데이터의 특징을 잘 알 수 있도록 표현하는 것이 바람직할 것이다. [표 8-1]처럼 cut이 가지는 값의 순서대로 표를 작성할 수도 있고, [표 8-2]처럼 내림차순으로 정렬해서 표현할 수도 있다.

[표 8-2] 다이아몬드 품질의 현황(내림차순 정렬)

구분	빈도	백분율(%)
Ideal	21,551	40.0
Premium	13,791	25.6
Very Good	12,082	22.4
Good	4,906	9.1
Fair	1,610	3.0
합계	53,940	100.0

개인적으로는 [표 8-2]처럼 작성하는 것을 권장한다. 그리고 표에 대한 해석을 기술할 때에는 빈도(백분율) 또는 백분율(빈도) 형태로 한다. 'Ideal'인 경우는 21,551(40.0%) 또는 40.0%(25,551)로 표현할 수 있으며, 개인적으로는 백분율(빈도) 형태를 좋아한다.

참고로 백분율(%)의 정보를 해석할 때 주의할 점은 다음과 같다.

✔ 빈도도 함께 있는가?
✔ 백분율을 구할 때에 분모와 분자는 무엇인가?
✔ 백분율과 백분율의 차이를 언급하고 있는가?

첫 번째로 빈도 없이 백분율만 있다면 매우 위험할 수 있다. 예를 들어, "국민의 80%가 A정책을 반대하는 것으로 나타났다"고만 표현한다면, 80%를 의미하는 사람들이 몇 명인지 알 수가 없다. 5명 중에 4명이 반대해도, 50명 중에 40명이 반대해도, 500명 중에 400명이 반대해도, 5,000명 중에 4,000명이 반대해도 동일하게 80%가 나온다. "국민의 80%가 A정책을 반대하는 것으로 나타났다"라는 표현은 거짓말을 한 것은 아니지만 그렇다고 정확하게 정보를 전달한 것은 아니다. 이런 표현을 half-true(반만 진실)이라고 하는 것 같다. 이러한 표현은 정보를 왜곡할 수 있기 때문에 백분율과 빈도를 꼭 함께 쓰는 것이 바람직하다고 생각한다.

두 번째로 "전국 성인 남녀 1,000명을 조사한 결과, 응답자의 80%가 A후보를 지지하는 것으로 나타났다"라는 표현을 바탕으로 A후보를 지지한 사람은 몇 명인가라고 할 때, 많은 사람들은 800명이라고 쉽게 생각한다. 조사자와 응답자의 차이가 있음을 생각해보아야 한다. 조사자가 분모로 가는 것과 응답자가 분모로 가는 것은 백분율의 값을 크게 다르게 할 수 있다. 참고로 여론조사에서 응답률은 1,000명을 최종 응답자로 하고, 1,000명을 채우기 위해서 조사한 사람들 분모로 하여 나눈 값이다.

세 번째로 백분율과 백분율의 차이를 언급할 때에 그냥 백분율로 얘기하는 경우가 있다. 보건복지부 · 질병관리본부의 「국민건강영양조사」에 따르면 우울증상 경험률(전체)이 2012년도 12.5%에서 2103년도 10.3%로 감소한 것으로 나타났다. 우울증상 경험률이 2012년도에 비해서 2013년도 얼마나 감소했는가 질문하면 2.2% 감소했다고 일반적으로 대답한다. 하지만 백분율과 백분율의 차이는 퍼센트 포인트(percent point)이며, 2.2%p 감소했다고 해야 한다. 이러한 실수는 2015년 대학수학능력시험의 영어 25번 문항에 나타나 복수 정답 처리하는 상황이 발생하기도 했다.

8.2 막대그래프와 원그래프

막대그래프와 원그래프는 질적 자료의 특징을 파악하기 위해서 작성하는 그래프이다. 막대그래프에는 세로 막대그래프와 가로 막대그래프가 있고, 막대그래프를 작성할 때에 빈도 또는 백분율을 이용하며 일반적으로 빈도를 더 많이 사용한다. 세로 막대그래프인 경우에는 y축 제목이 꼭 있도록 하고, 가로 막대그래프인 경우에는 x축 제목이 꼭 있도록 하여 막대의 높이(또는 길이)가 무엇을 의미하는지 알 수 있도록 해준다. 또한 막대그래프의 최솟값은 0부터 시작하고, 최댓값이 포함되도록 y축 눈금을 설정하도록 한다. 특히 막대그래프에서 절단효과를 넣지 않도록 주의를 해야 한다. 절단효과를 넣으면 의도하지 않게 정보를 왜곡시킬 수 있기 때문이다. 막대그래프도 표와 마찬가지로 정렬을 하여 표현하는 것이 질적 자료의 특징을 파악하는 데에 좋다. 세로 막대그래프인 경우에는 내림차순으로, 가로 막대그래프인 경우에는 오름차순으로 하여 빈도(또는 백분율)가 가장 많은 것부터 시작해서 빈도가 가장 작은 순서로 표현하는 것이 바람직하다.

원그래프는 질적 자료가 가지는 항목(값)이 5개 이하인 경우에 적당하며, 각 항목이 전체 중에서 얼마나 차지하고 있는지를 표현하는 데에 유용하다. 강조하고 싶은 항목이 있다면 해당 조각을 분리해서 표현하는 것도 좋다.

그래프의 색상은 다양하거나 화려하지 않도록 하는 것이 좋다. 질적 자료가 가지는 자료의 특징을 파악하는 것이 가장 중요한 일이기 때문에 색상을 너무 다양하게 하면 자료의 특징보다는 화려함에 신경을 빼앗길 수 있다. 가급적이면 단색으로 하고, 강조하고 싶은 항목이 있을 때에만 진한 색으로 하거나 다른 색상으로 하는 것이 좋다.

분석된 결과를 어떻게 표와 그래프로 잘 표현할 것인지에 대해서 관심이 있는 분들은 Dona

M.Wong(2010)의 저서를 번역한 《월스트리트저널 인포그래픽 가이드》(2014, 인사이트)를 참고하면 된다.

8.3 R을 이용한 일변량 질적 자료의 분석

예제 데이터는 ggplot2 패키지에서 제공하는 diamonds이다. diamonds 데이터에는 cut, color, clarity라는 질적 자료가 3개 있다. 이 자료에 대한 분석을 R로 하면 다음과 같다.

(1) 빈도 구하기

빈도는 R에서 기본적으로 제공하는 table( ) 함수를 이용하여 구할 수 있다. table( ) 함수의 사용법은 다음과 같다.

[표 8-3] table(x) 함수의 사용법

argument	설명
x	분석하고 싶은 질적 자료를 의미하며, 데이터명$변수명, 데이터명[, "변수명"], 데이터명[, 변수명위치] 으로 표현할 수 있다.

cut, color, clarity에 대한 빈도를 구하는 명령어는 아래와 같다.

- table(diamonds$cut)
- table(diamonds$color)
- table(diamonds$clarity)

```
Console ~/
> table(diamonds$cut)

     Fair      Good Very Good   Premium     Ideal 
     1610      4906     12082     13791     21551 
> table(diamonds$color)

    D     E     F     G     H     I     J 
 6775  9797  9542 11292  8304  5422  2808 
> table(diamonds$clarity)

   I1   SI2   SI1   VS2   VS1  VVS2  VVS1    IF 
  741  9194 13065 12258  8171  5066  3655  1790 
> 
```

[그림 8-1] 빈도 구하기

빈도의 결과를 내림차순으로 정렬할 때에는 sort( ) 함수를 사용하면 된다.

[표 8-4] sort(x, decreasing) 함수의 사용법

argument	설명
x	정렬하고 싶은 벡터(vector)를 의미한다. 여기서는 table( )의 결과를 넣어주면 된다.
decreasing	정렬기준으로 TRUE는 내림차순, FALSE는 오름차순을 의미한다.

위에서 구한 빈도를 내림차순으로 표현하면 다음과 같다.

- sort(table(diamonds$cut), decreasing=TRUE)
- sort(table(diamonds$color), decreasing=TRUE)
- sort(table(diamonds$clarity), decreasing=TRUE)

(2) 백분율 구하기

백분율은 R에서 기본적으로 제공하는 prop.table( ) 함수를 이용하며, tables of proportions의 약자로 비율 테이블을 의미한다. prop.table( ) 함수의 사용 방법은 다음과 같다.

[표 8-5] prop.table(x) 함수의 사용법

argument	설명
x	질적 자료에 대한 빈도 결과를 의미하며, table(데이터명$변수명), table(데이터명[, "변수명"]), table(데이터명[, 변수명위치])를 넣어준다.

하지만 prop.table( ) 함수는 0~1 사이의 값을 반환하기 때문에 백분율로 표현하기 위해서는 prop.table ( )의 결과에 100을 곱해주어야 한다.

cut, color, clarity에 대한 빈도를 구하는 명령어는 아래와 같다.

- prop.table(table(diamonds$cut))*100
- prop.table(table(diamonds$color))*100
- prop.table(table(diamonds$clarity))*100

```
Console ~/
> prop.table(table(diamonds$cut))*100

     Fair      Good Very Good   Premium     Ideal 
 2.984798  9.095291 22.398962 25.567297 39.953652 
> prop.table(table(diamonds$color))*100

        D         E         F         G         H         I         J 
12.560252 18.162773 17.690026 20.934372 15.394883 10.051910  5.205784 
> prop.table(table(diamonds$clarity))*100

       I1       SI2       SI1       VS2       VS1      VVS2      VVS1 
 1.373749 17.044865 24.221357 22.725250 15.148313  9.391917  6.776047 
       IF 
 3.318502 
> 
```

[그림 8-2] 백분율 구하기

참고로 백분율은 특별한 말이 없으면 일반적으로 소수점 첫째 자리까지 표현한다. 즉 소수점 둘째 자리에서 반올림된 결과로 소수점 둘째 자리가 5 이상이면 소수점 첫째 자리는 1 증가되고, 소수점 둘째 자리가 5보다 작으면 소수점 첫째 자리는 그대로 된다. R에서 반올림은 round( ) 함수를 사용하면 된다.

[표 8-6] round(x, digits) 함수의 사용법

argument	설명
x	반올림시키고 싶은 숫자가 들어 있는 벡터를 의미하며, 여기서는 백분율의 결과를 넣어주면 된다.
digits	표현되고 싶은 소수점의 자리수를 의미하며, 여기서는 1로 넣어준다.

- round(prop.table(table(diamonds$cut))*100, digits=1)
- round(prop.table(table(diamonds$color))*100, digits=1)
- round(prop.table(table(diamonds$clarity))*100, digits=1)

(3) prettyR 패키지의 freq( ) 함수

prettyR 패키지에 있는 freq( ) 함수를 사용하면, 빈도와 백분율을 한꺼번에 구해준다. freq( ) 함수를 사용하기 위해서는 prettyR 패키지를 설치하고 로딩해주어야 한다.

- install.packages("prettyR")
- library(prettyR)

freq( ) 함수의 사용 방법은 다음과 같다.

[표 8-7] freq(x, digits) 함수의 사용법

argument	설명
x	분석하고 싶은 질적 자료를 의미하며, 데이터명$변수명 형태로 지정하면 된다.
variable.labels	분석결과에서 변수명을 어떻게 표현할 것인가를 지정하는 것으로 기본은 NULL로 되어 있어 x에 지정된 내용이 변수명이 출력된다. 만약에 변경하고 싶으면 "변수명" 형태로 지정하면 된다.
display.na	R에서 NA는 Not Available의 약자로 통계에서 결측치(또는 결측값, missing value)를 의미하며, 결측치가 있으면 출력할 것인지를 지정한다. 기본은 TRUE로 결측치가 있으면 출력한다. 결측치의 출력을 원하지 않으면 FALSE로 변경하면 된다.
decr.order	정렬을 설정하는 것으로 기본은 TRUE로 내림차순으로 정렬된다. 오름차순으로 정렬하고 싶으면 FALSE로 지정한다.

freq( ) 함수를 이용하여 질적 자료인 cut에 대해서만 분석하면 다음과 같다.

- freq(diamonds$cut)

```
Console ~/
> freq(diamonds$cut)

Frequencies for diamonds$cut
          Ideal    Premium Very Good       Good       Fair         NA
      21551 13791 12082   4906  1610      0
%        40 25.6 22.4   9.1     3     0
%!NA     40 25.6 22.4   9.1     3
```

[그림 8-3] freq( ) 함수를 이용한 빈도와 백분율 구하기(1)

cut 자료에는 결측치가 없으므로 NA의 값이 0이 나왔다. %는 백분율이고, %!NA는 결측치를 제외한 합계를 이용하여 백분율을 구한 값으로 유효 백분율이라고 한다. 결측치가 없으면 백분율과 유효 백분율은 동일하지만 결측치가 있으면 백분율과 유효 백분율은 차이가 난다. 보고서를 작성할 때에는 백분율과 유효 백분율 중에서 선택해야 한다.
결과에서 결측치가 출력되지 않도록 하려면 다음과 같다.

- freq(diamonds$cut, display.na=FALSE)

```
Console ~/
> freq(diamonds$cut, display.na=FALSE)

Frequencies for diamonds$cut
          Ideal   Premium Very Good      Good      Fair
     21551 13791 12082  4906  1610
%       40 25.6 22.4   9.1     3
```

[그림 8-4] freq( ) 함수를 이용한 빈도와 백분율 구하기(2)

(4) 막대 그래프

막대그래프는 R에서 기본으로 제공하는 barplot( ) 함수를 이용하며, 사용 방법은 다음과 같다.

[표 8-8] barpot( ) 함수의 사용법

argument	설명
height	빈도의 정보를 의미하며, table( )의 결과를 지정한다.
col	막대의 색상을 지정하며, 기본은 gray로 설정되어 있다. 색상을 변경하려면 "색상"으로 지정하면 된다.
main	차트의 제목을 의미하며, 기본은 공백으로 되어 있다. 그래프에 제목을 추가하려면 "제목" 형태로 지정하면 된다.
xlab	x축 제목을 의미하며, 기본은 공백으로 되어 있다. x축 제목을 추가하려면 "x축 제목" 형태로 지정하면 된다.
ylab	y축 제목을 의미하며, 기본은 공백으로 되어 있다. y축 제목을 추가하려면 "y축 제목" 형태로 지정하면 된다.
xlim	x축 눈금을 의미하며, x축 눈금을 조정할 때는 기본적으로 최솟값과 최댓값을 변경한다. c( ) 함수를 이용하여 최솟값과 최댓값을 지정하면 된다.
ylim	y축 눈금을 의미하며, y축 눈금을 조정할 때는 기본적으로 최솟값과 최댓값을 변경한다. c( ) 함수를 이용하여 최솟값과 최댓값을 지정하면 된다.
horiz	세로 막대그래프를 작성할지, 가로 막대그래프를 작성할지를 지정하는 것으로 기본은 세로 막대그래프로 되어 있다. 가로 막대그래프로 변경하려면 FALSE로 지정하면 된다.

[표 8-8]에서 소개한 8개의 argument 이외에도 다양한 argument가 존재한다. 더 자세히 알고 싶으면 도움말 기능을 이용하여 argument의 기능을 살펴보면 된다. 여기서는 8개의 argument에 대해서만 다루며, cut 자료로 설명한다.

barplot( ) 함수의 기본은 다음과 같다.

- barplot(table(diamonds$cut))

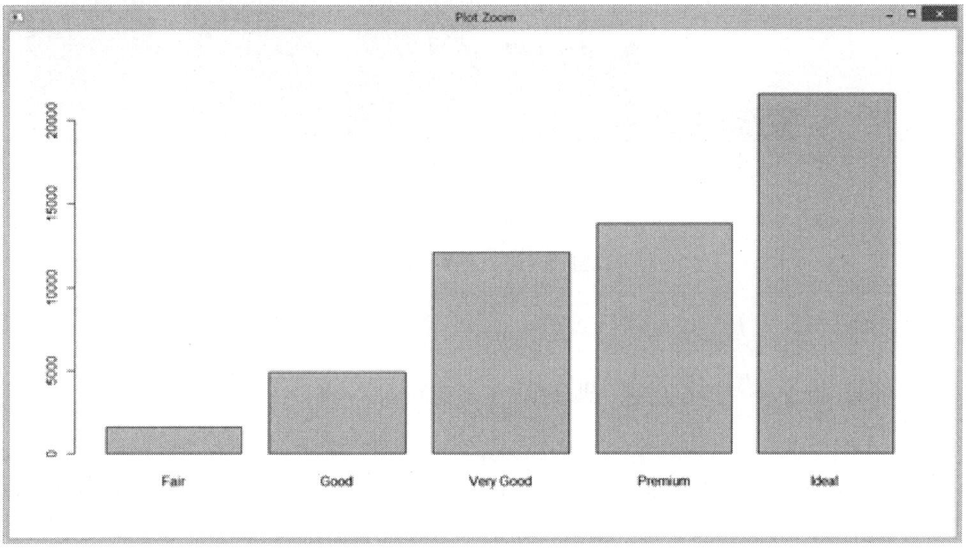

[그림 8-5] cut에 대한 막대그래프(1)

막대 색상을 변경하려면 'col'이라는 argument를 추가하여 색상을 지정하면 된다. 색상을 변경을 몇 가지 방법을 소개한다.

막대의 색상을 기본으로 설정된 'gray'에서 보라색인 'purple'로 지정한다.

- barplot(table(diamonds$cut), col="purple")

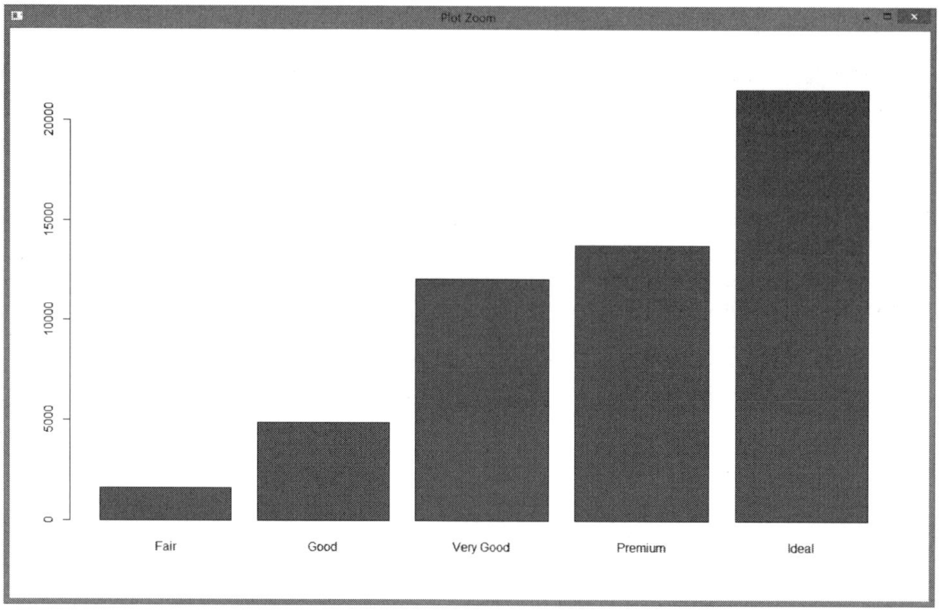

[그림 8-6] cut에 대한 막대그래프(2)

5개 막대의 색상을 각각 다른 색으로 설정한다.

- barplot(table(diamonds$cut), col=c("red", "blue", "green", "purple", "yellow"))

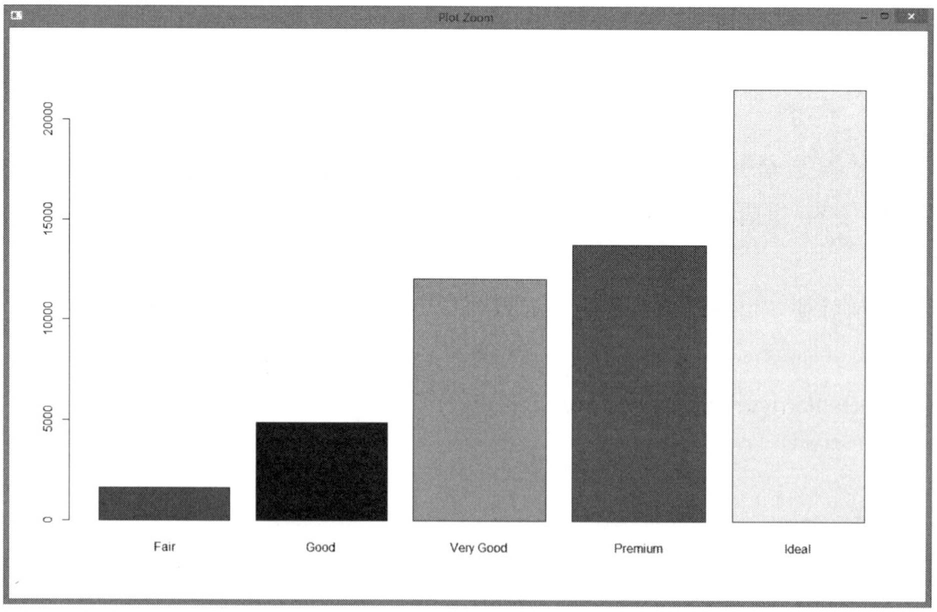

[그림 8-7] cut에 대한 막대그래프(3)

rainbow( ) 함수를 이용하여 막대의 색상을 각각 다르게 설정한다.

- barplot(table(diamonds$cut), col=rainbow(5))

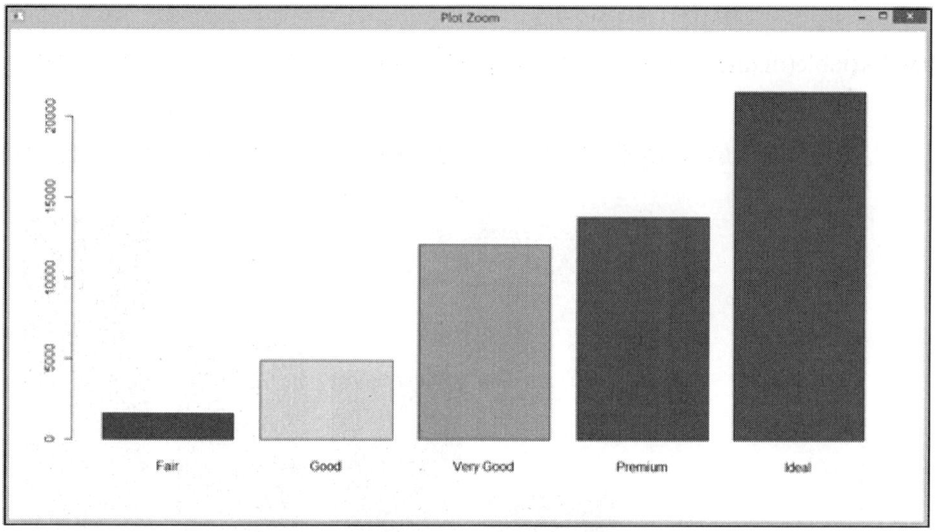

[그림 8-8] cut에 대한 막대그래프(6)

그래프에 제목을 추가하려면 'main'이라는 argument를 추가하면 된다. main은 character 유형으로 입력되어야 한다.

- barplot(table(diamonds$cut), col="purple", main="다이아몬드의 품질 현황")

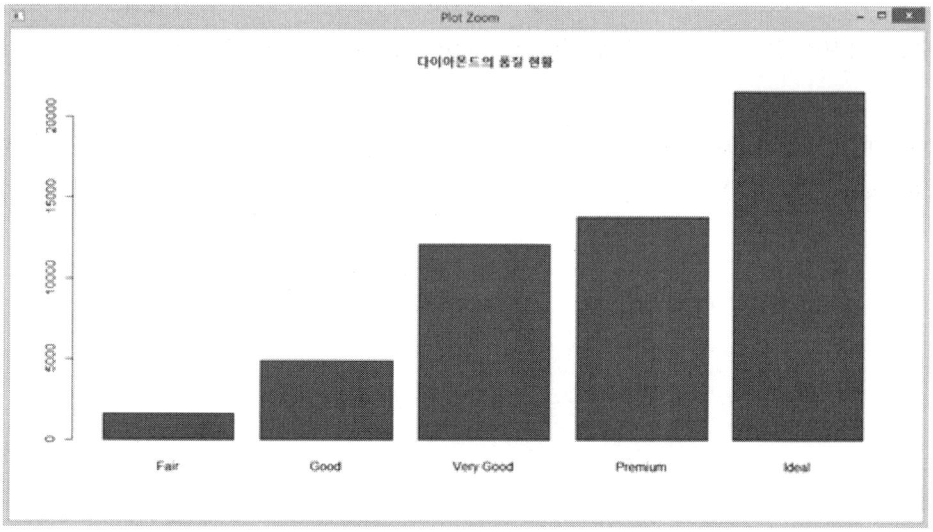

[그림 8-9] cut에 대한 막대그래프(7)

그래프에 y축 제목을 추가하려면 'ylab'라는 argument를 추가하면 되고, ylab도 character 유형으로 입력되어야 한다. 전에도 설명했듯이 막대그래프에는 y축 제목이 꼭 있어야 한다. y축의 눈금이 무엇을 의미하는지 알아야 하기 때문이다. 참고로 ylab는 a label for the y axis의 약자이다.

- barplot(table(diamonds$cut), col="purple", main="다이아몬드의 품질 현황", ylab="빈도")

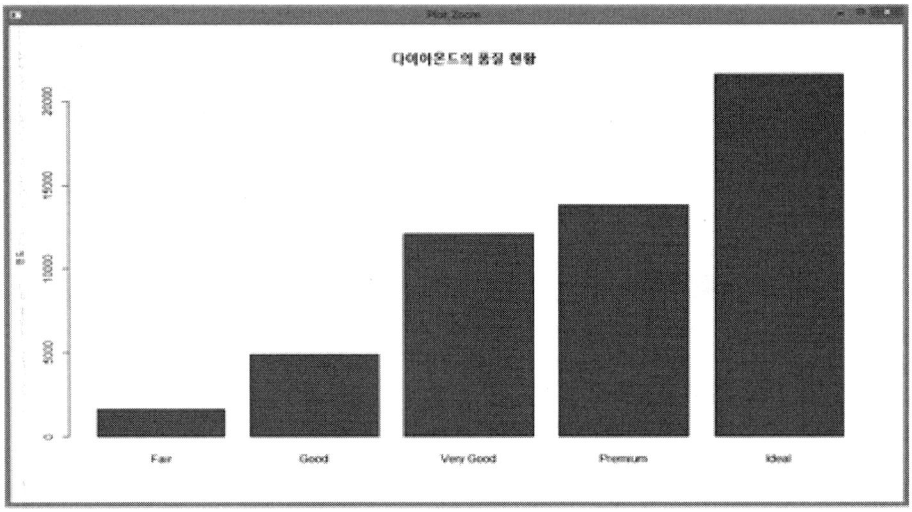

[그림 8-10] cut에 대한 막대그래프(8)

그래프에 y축 눈금을 추가하려면 'ylim'이라는 argument를 추가하면 되고, y축 눈금은 y축의 최솟값과 최댓값을 수정한다. 최솟값과 최댓값이라는 2개의 수치형을 지정하기 때문에 c( ) 함수를 사용하면 된다. 참고로 ylim은 limits for the y axis의 약자이다.

- barplot(table(diamonds$cut), col="purple", main="다이아몬드의 품질 현황", ylab="빈도", ylim=c(0, 250000))

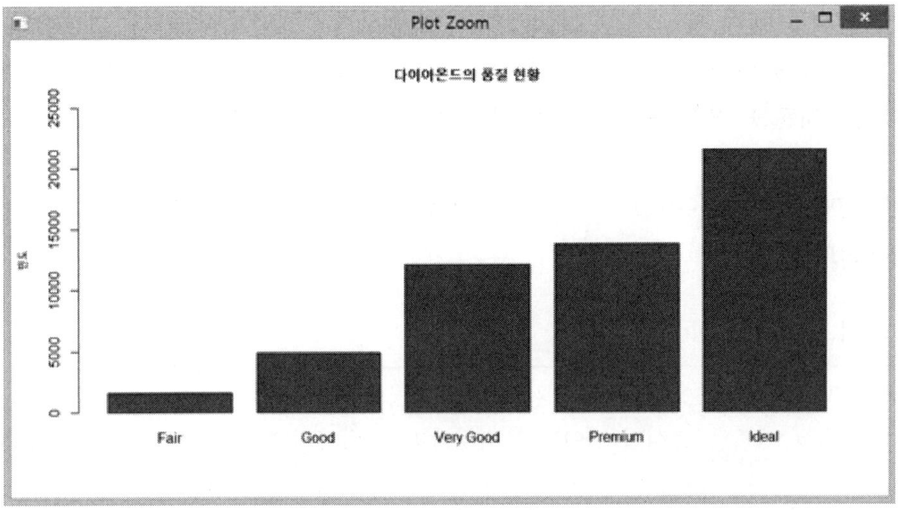

[그림 8-11] cut에 대한 막대그래프(9)

R에서 막대그래프는 세로 막대그래프가 기본이다. 세로 막대그래프를 가로 막대그래프로 변경하려면 'horiz'라는 argument를 TRUE로 변경하면 된다. 대신에 x축과 y축이 변경되므로 ylab, ylim은 xlab, xlim으로 변경해 주어야 한다.

- barplot(table(diamonds$cut), col="purple", main="다이아몬드의 품질 현황", xlab="빈도", xlim=c(0, 250000), horiz=TRUE)

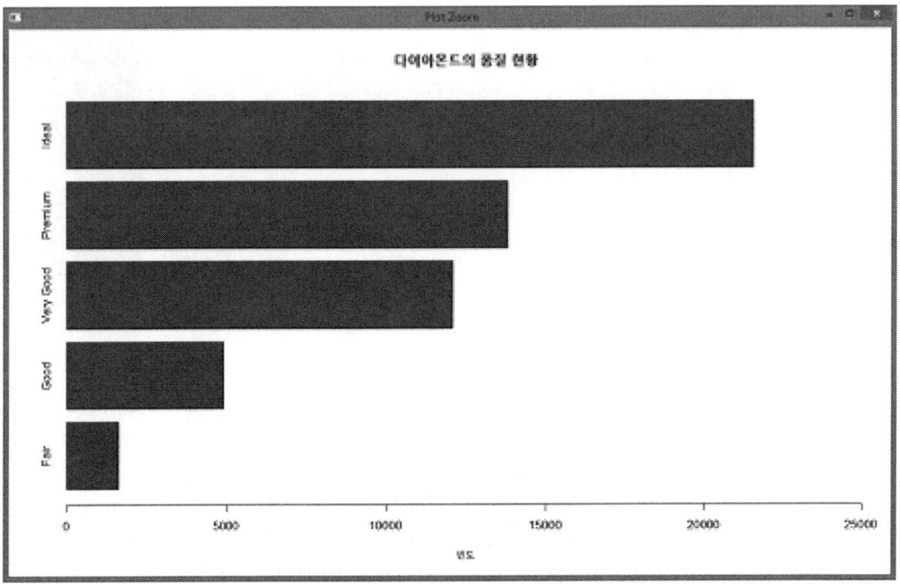

[그림 8-12] cut에 대한 막대그래프(10)

R의 기본 기능에서 제공하는 그래프 작성 방법보다 더 미려(美麗)하게 해주는 ggplot2, plotly 등과 같은 유용한 패키지들이 존재한다. 먼저 plotly 패키지에 있는 plot_ly( ) 함수를 이용하여 막대그래프를 작성하는 방법을 다룬다.

- install.packages("plotly")
- library(plotly)

[표 8-9] plot_ly( ) 함수의 사용법

argument	설명
data	분석할 데이터를 지정하며, 데이터의 형태는 데이터 프레임(data.frame)이다.
x	x축에 표현될 질적 자료의 항목을 지정한다.
y	y축에 표현될 질적 자료의 빈도나 백분율을 지정한다.
type	그래프의 유형으로 "bar"를 지정한다.

diamonds 데이터의 cut 변수에 대한 세로 막대그래프를 작성하는 방법은 다음과 같다. 참고로 names(table(cut))은 cut이 가지는 다섯 가지의 항목의 이름을 구한 것이고, table(cut)은 cut이 가지는 다섯 가지 항목의 빈도를 구한 것이다.

- plot_ly(data=diamonds, x=names(table(cut)), y=table(cut), type="bar")

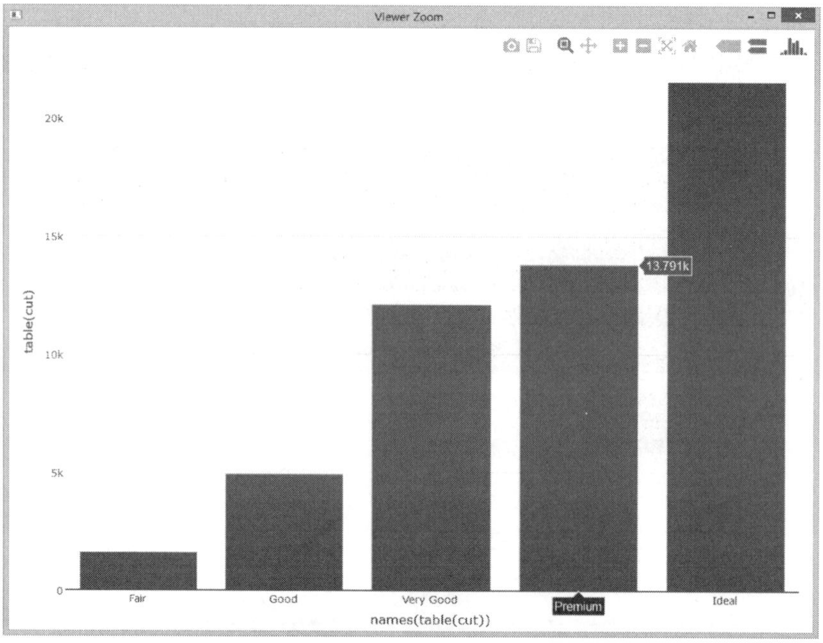

[그림 8-13] plot_ly( ) 함수를 이용한 막대그래프

plotly 패키지에 대한 세부적인 내용은 「https://plot.ly/r/」를 이용하면 된다.

ggplot2 패키지에 있는 ggplot( ) 함수와 geom_bar( ) 함수를 이용하여 막대그래프를 작성하는 방법은 다음과 같다. 참고로 ggplot2 패키지는 diamonds라는 예제 데이터를 사용하기 위해서 이미 설치되었기 때문에 다시 설치할 필요는 없다.

[표 8-10] ggplot( ) 함수의 사용법

argument	설명
data	분석할 데이터를 지정하며, 데이터의 형태는 데이터 프레임(data.frame)이다.
mapping	aes( ) 함수를 이용하여 x축이나 y축에 들어갈 질적 자료를 지정한다.

여기서도 diamonds의 cut 변수에 대한 세로 막대그래프를 작성한다. geom_bar( ) 함수는 지정된 데이터를 가지고 막대그래프를 작성한다는 의미이다.

- ggplot(data=diamonds, mapping=aes(x=cut)) + geom_bar( )

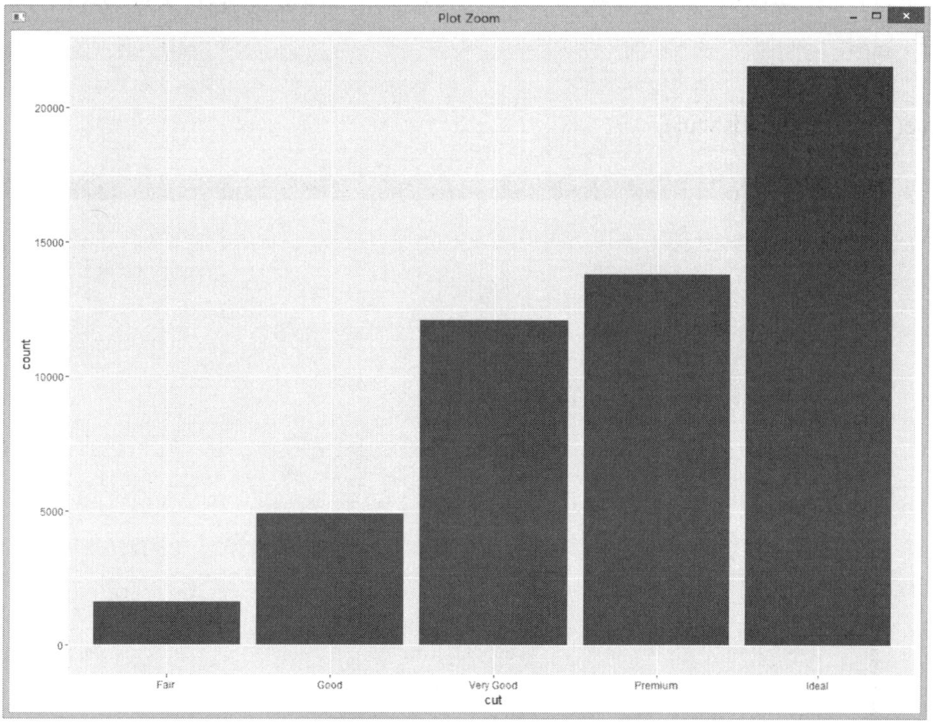

[그림 8-14] ggplot( )과 geom_bar( ) 함수를 이용한 막대그래프

세밀하게 그래프를 작성하고 싶으면 관련된 함수에 대한 도움말을 참조하면 된다. 특히 ggplot2 패키지를 소개한 Winston Chang의 《R Graphics Cookbook》(2013, 인사이트)를 이용하면 도움이 될 것이다. 최근에 ggplot2 패키지가 2.0 버전으로 업데이트되었는데, 최신 내용을 보려면 「http://docs.ggplot2.org/current/」 사이트를 이용하면 된다.

(4) 원그래프

원그래프는 pie( ) 함수를 사용하며, 사용 방법은 다음과 같다.

[표 8-11] pie( ) 함수의 사용법

argument	설명
x	빈도의 정보를 의미하며, table( )의 결과를 지정한다.
radius	원의 반지름(반경)을 의미하며, −1 ~ 1 사이의 값으로 절댓값이 1에 가까울수록 원의 반지름이 최대가 된다.
init.angle	원조각이 처음으로 시작하는 각도를 의미하며, 양의 값을 가지면 왼쪽으로 회전하고, 음의 값을 가지면 오른쪽으로 회전하게 된다.

[표 8-11]에서 소개된 것 이외의 다양한 argument가 있고, 자세한 것을 보려면 도움말을 참조하면 된다.

- pie(table(diamonds$cut))

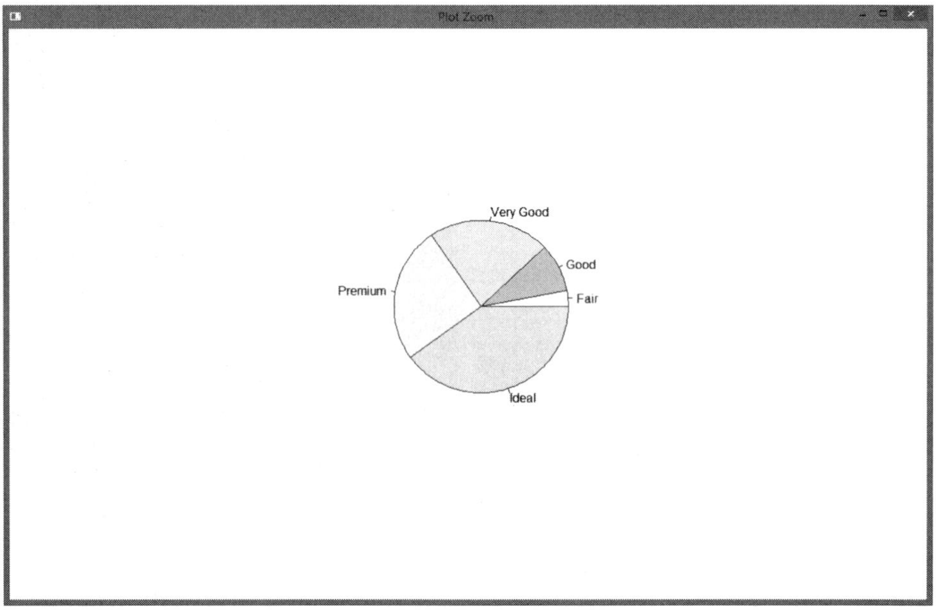

[그림 8-15] cut에 대한 원그래프(1)

반지름을 최대로 지정하면 다음과 같다.

- pie(table(diamonds$cut), radius=1)

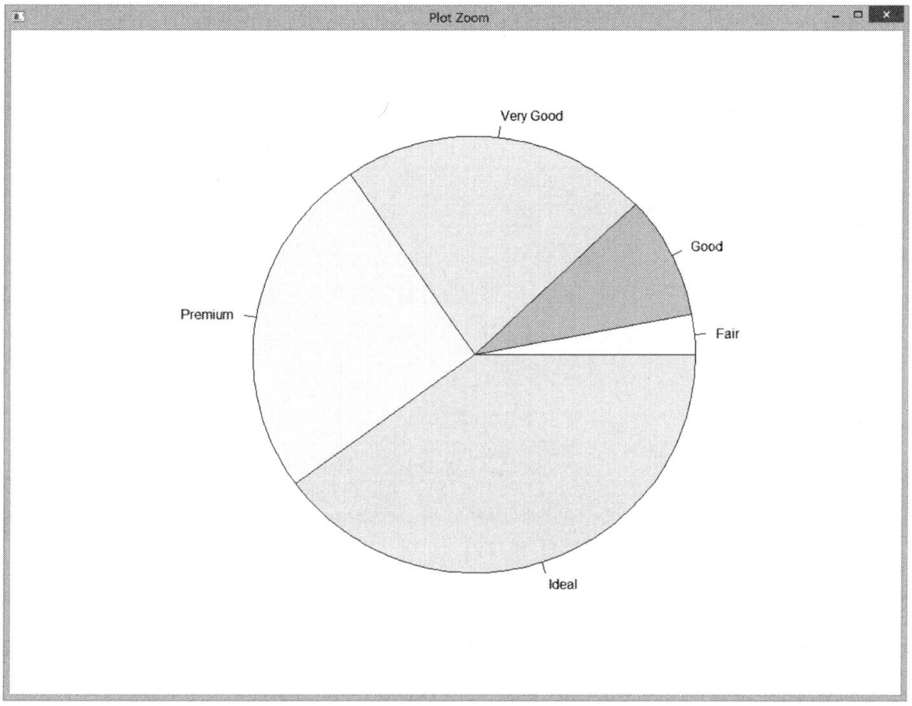

[그림 8-16] cut에 대한 원그래프(2)

원조각의 처음 시작하는 각도를 −30으로 지정하면 다음과 같다.

- pie(table(diamonds$cut), radius=1, init.angle=-30)

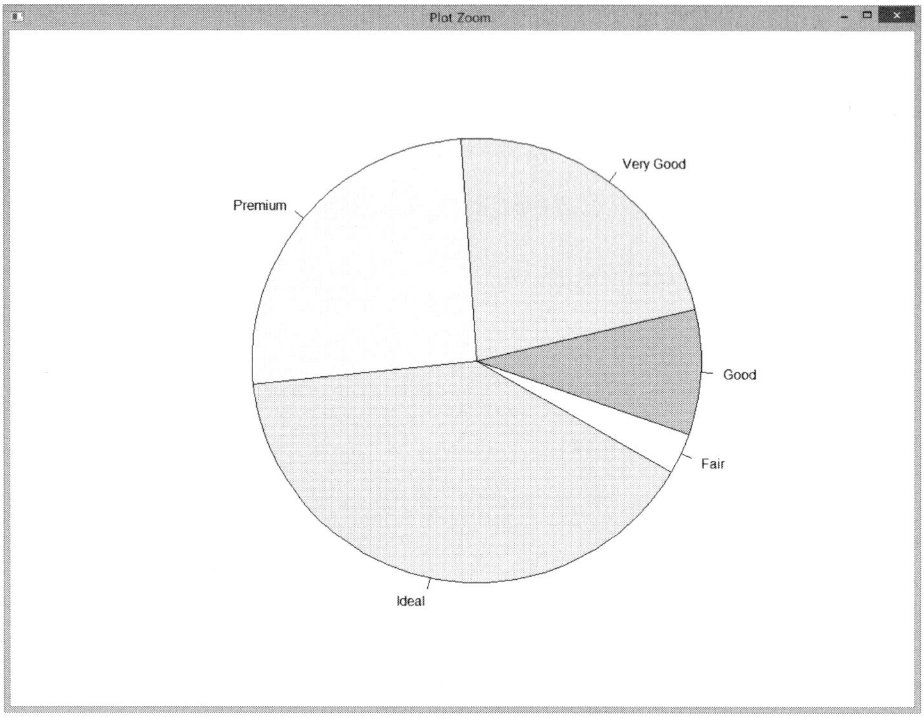

[그림 8-17] cut에 대한 원그래프(3)

막대그래프와 동일하게 plotly와 ggplot2 패키지를 이용하여 원그래프를 작성해본다. 먼저 plotly 패키지에 있는 plot_ly( ) 함수를 사용하여 원그래프를 작성하는 방법은 다음과 같다.

[표 8-12] plot_ly( ) 함수의 사용법

argument	설명
data	분석할 데이터를 지정하며, 데이터의 형태는 데이터 프레임(data.frame)이다.
values	원조각에 표현될 질적 자료의 항목의 빈도나 백분율을 지정한다.
levels	원조각에 표현될 질적 자료의 항목의 이름이다.
type	그래프의 유형으로 “pie”를 지정한다.

- ploy_ly(data=diamonds, values=table(cut), levels=names(table(cut)))

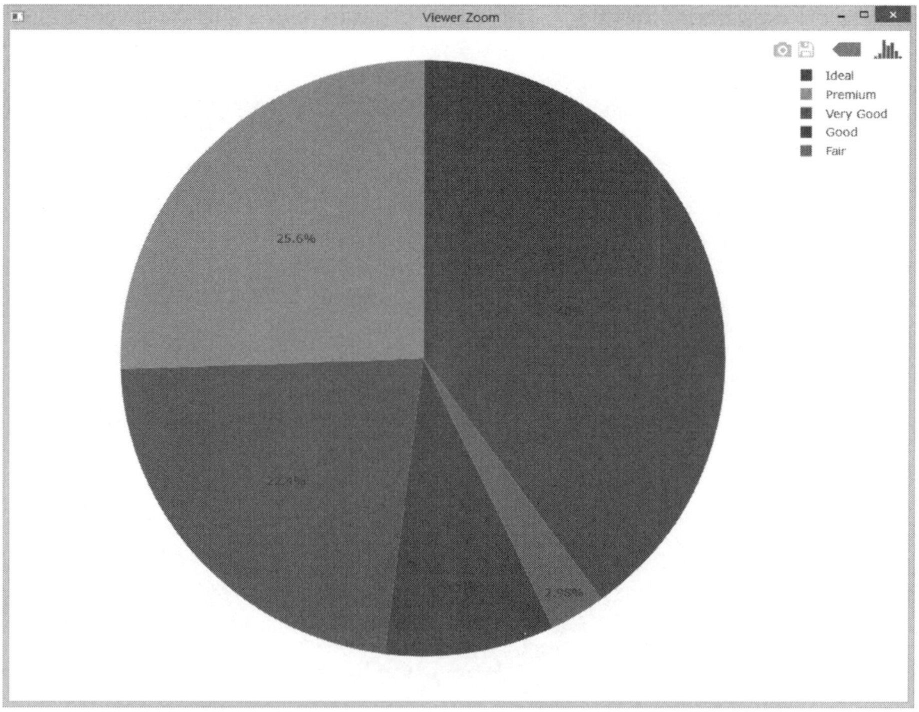

[그림 8-18] ploy_ly( ) 함수를 이용한 원그래프

ggplot2 패키지를 이용하여 원그래프 작성하는 방법은 다음과 같다.

- ggplot(data=diamonds, aes(x="", fill=cut)) + geom_bar(width=1) + coord_polot("y")

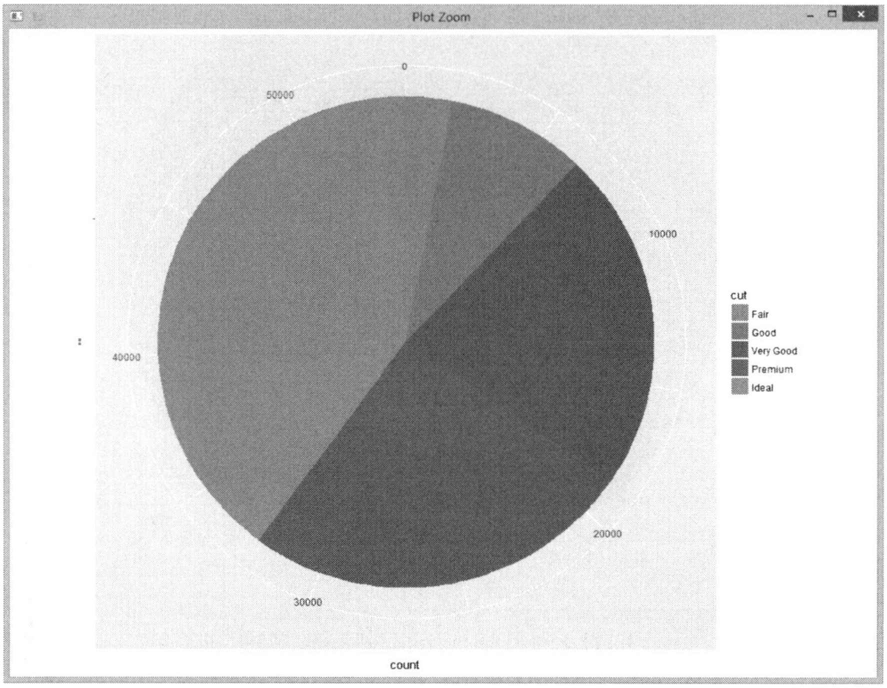

[그림 8-19] ggplot2 패키지를 이용한 원그래프

(5) 반복문을 이용한 분석

ggplot2 패키지에서 제공하는 diamonds 데이터에는 cut, color, clarity라는 3개의 질적 자료가 있다. 실무에서 데이터를 분석할 때에는 훨씬 더 많은 질적 자료가 존재할 것이다. 일변량 질적 자료에 대한 빈도, 백분율, 막대그래프, 원그래프를 작성하는 프로그램을 작성하면 라인(line) 수가 많아진다. 라인 수가 적으면서도 동일한 기능을 수행할 수 있는 방법은 반복문을 사용하는 것이다. 여기서는 for라는 반복문을 이용하여 3개의 질적 자료를 분석하면 다음과 같다.

분석하고 싶은 질적 자료가 있는 열의 위치를 알고, 그 위치가 연달아 있으면 콜론(:)을 사용하고, 규칙이 없이 떨어져 있으면 c( ) 함수를 사용하면 된다.

```
• for(i in 2:4){
      print(table(diamonds[ , i]))
      print(round(prob.table(table(diamonds[ , I])*100, digits=1))
      barplot(table(diamonds[ , i]))
      pie(table(diamonds[ , i]))
  }
```

분석하고 싶은 질적 자료의 이름을 알고 있으면 c( ) 함수를 이용하면 된다.

```
• for(i in c("cut", "color", "clarity")){
      print(table(diamonds[ , i]))
      print(round(prob.table(table(diamonds[ , i])*100, digits=1))
      barplot(table(diamonds[ , i]))
      pie(table(diamonds[ , i]))
  }
```

(6) 그래프를 저장하기

분석하는 과정에서 작성한 그래프들을 다양한 형태(png, jpeg, bmp, pdf, postscript 등)의 파일로 저장할 수 있다. png( ), jpeg( ), bmp( ), pdf( ), postscript( ) 함수를 이용하면 되고, 사용 방법은 다음과 같다.

png 방식

- png(file="d:/output.png")
- barplot(daimonds$cut)
- dev.off( )

jpeg 방식

- jpeg(file="d:/output.jpg")
- barplot(daimonds$cut)
- dev.off( )

bmp 방식

- bmp(file="d:/output.bmp")
- barplot(daimonds$cut)
- dev.off( )

pdf 방식

- pdf(file="d:/output.pdf")
- barplot(daimonds$cut)
- dev.off( )

pdfscript 방식

- pdfscript(file="d:/output.ps")
- barplot(daimonds$cut)
- dev.off( )

참고문헌 및 추천 자료

[1] R Graphics Cookbook(2013), Winston Chang, 인사이트

[2] 월스트리트저널 인포그래픽 가이드(2014), Dona M.Wong, 인사이트

[2] http://docs.ggplot2.org/current/

[3] https://plot.ly/r/

일변량 양적 자료를 분석하는 방법으로 표(구간의 빈도, 백분율)와 그래프(히스토그램, 줄기와 잎 그림, 상자그림), 기술통계량(요약통계량)이 있으며, 이것을 통하여 양적 자료가 가지는 중요한 특징을 찾아내며, R 프로그램을 이용하여 새롭게 구간의 정보를 가지는 자료를 생성하고, 구간에 대한 빈도와 백분율, 히스토그램, 줄기와 잎 그림, 상자그림, 기술통계량을 구하는 방법을 학습한다.

일변량 양적 자료의 분석

9.1 표

9.2 그래프

9.3 기술통계량(요약통계량)

9.4 R을 이용한 일변량 양적 자료의 분석

학습목표

- 구간의 개념을 이해할 수 있다.
- 히스토그램, 줄기와 잎 그림, 상자그림을 이해할 수 있다.
- 기술통계량(또는 요약통계량)의 개념을 이해할 수 있다.
- R을 이용하여 구간의 빈도표, 히스토그램, 줄기와 잎 그림, 상자그림, 기술통계량을 작성할 수 있다.

주요 용어

구간, 히스토그램, 줄기와 잎 그림, 상자그림, 평균, 절사평균, 중위수, 최빈수, 범위, 사분위범위, 분산, 표준편차, 중위수 절대 편차, 왜도, 첨도, 이상치

일변량 양적 자료의 특징을 파악하기 위해서 사용되는 분석 방법에는 표, 그래프, 기술통계량(또는 요약통계량)이 있다.

9.1 표

일변량 양적 자료를 분석할 때에도 일변량 질적 자료의 분석에서 소개했던 표를 작성한다. 표에는 빈도와 백분율의 정보가 있다. 하지만 양적 자료는 질적 자료와 다르게 자료가 가지는 각각의 값에 대한 빈도와 백분율을 구하지 않는다. 질적 자료는 데이터가 많다고 하더라도 데이터가 가지는 값의 종류는 몇 개가 되지 않지만, 양적 자료는 데이터가 가지는 값의 종류가 많기 때문이다.

예를 들면, 5000명에게 성별(gender)과 신장(height)을 조사했고, 5,000명 모두가 성별과 신장에 대해서 응답했다고 하자. 성별이라는 질적 자료에는 5,000개의 자료가 있고, 5,000개가 가지는 값은 2개의 값인 '남자(또는 1)' 나 '여자(또는 2)'로 구성되어 있다. 신장이라는 양적 자료에도 5,000개의 자료가 있지만 5,000개가 가지는 값은 성별처럼 2개의 값이 아니라 훨씬 더 많은 다양한 값들로 구성되어 있다.

구간을 만들 때에 구간을 몇 개로 할지에 대해서는 다양한 방법이 있다. 하지만 여기서는 Herbert A. Sturges가 《The Choice of a Class Interval》 (1926)라는 제목으로 발표한 논문에서 제시한 공식은 다음과 같다. 참고로 n은 데이터의 개수를 의미한다.

$$1 \;+\; 3.3\log_{10}(n)$$

각 구간의 너비를 다음과 같이 한다.

(최댓값 - 최솟값) / 구간의 개수

첫 번째 구간에는 양적 자료의 최솟값이 포함되도록 하고, 제일 마지막 구간에는 최댓값이 포함되도록 구간을 만들면 된다. 이렇게 만들어진 구간을 이용하여 각 구간에 있는 양적 자료의 빈도와 백분율을 구해서 표를 작성하면 된다. 작성된 표를 이용하여 양적 자료에 있는 특징을 파악하면 된다.

아래의 예제 데이터를 가지고 구간을 만들고 빈도와 백분율을 구해보도록 한다.

54 56 57 59 73 74 76 78 78 82 82 85 86 91 94 98 116

Sturges 공식을 따르면, 구간의 개수는 다음과 같다.

$$1 + 3.3\log_{10}(17) = 5.06$$

구간의 개수는 반올림해서 5개로 한다. 구간의 너비는 $(116-54)/5$로 하면 대략적으로 15가 된다.

[표 9-1] 구간의 표

구분	빈도	백분율(%)
50 이상 ~ 65 이하	4	23.5
65 초과 ~ 80 이하	5	29.4
80 초과 ~ 95 이하	6	35.3
95 초과 ~ 110 이하	1	5.9
110 초과 ~ 125 이하	1	5.9
합계	17	100.0

9.2 그래프

일변량 양적 자료의 특징을 파악하기 위해서 작성하는 그래프에는 히스토그램(histogram), 줄기와 잎 그림(stem and leaf plot), 상자그림(boxplot)이 있다.

(1) 히스토그램

히스토그램은 구간의 빈도나 백분율을 이용하여 작성하며, x축은 양적 자료의 구간, y축은 각 구간의 빈도 또는 백분율이 된다. 히스토그램은 막대그래프와 다르게 막대의 가로가 의미를 갖는다. 히스토그램에서의 막대의 가로는 각 구간의 너비로 정보를 가지고 있다.

히스토그램을 통하여 다음과 같은 특징을 파악할 수 있다.

- ✔ 각 구간의 현황
- ✔ 빈도가 가장 많은 구간
- ✔ 빈도가 가장 작은 구간
- ✔ 최솟값을 포함하는 구간
- ✔ 최댓값을 포함하는 구간
- ✔ 무게 중심
- ✔ 대칭 여부
- ✔ 이상치(outlier) 유무 : 이상하게 크거나 이상하게 작은 값의 유무
- ✔ 단봉 : 봉우리가 1개
- ✔ 쌍봉 : 봉우리가 2개

9.1절에서 사용된 데이터를 가지고 히스토그램을 작성하면 다음과 같다.

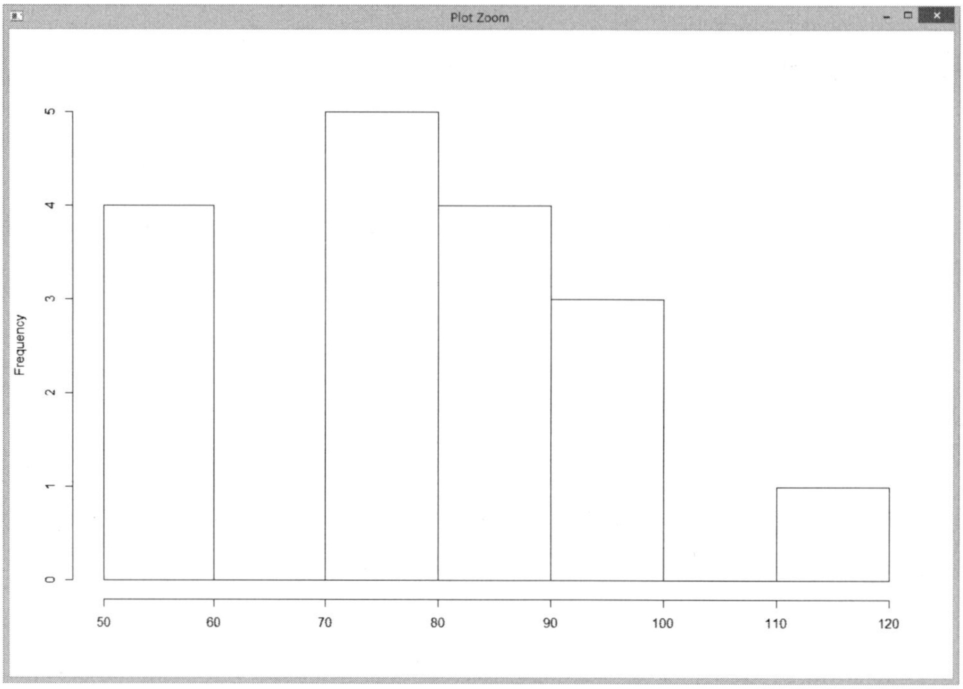

[그림 9-1] 히스토그램

(2) 줄기와 잎 그림

줄기와 잎 그림은 John Tukey가 《Exploratory Data Analysis》 (1977)라는 책에서 소개한 그래프로 양적 자료가 많지 않을 때에 작성한다. 하지만 실무에서 데이터를 분석할 때에는 데이터의 양이 많기 때문에 잘 사용하지 않는다. 줄기와 잎 그림을 작성하는 양적 자료를 분해한다. 분해하는 방법은 여러 가지가 있다. 9.1절에 사용한 데이터를 이용하여 분해하면 다음과 같다.

54 56 57 59 73 74 76 78 78 82 82 85 86 91 94 98 116

$$54 = 5 \times 10 \ + \ 4 \times 1$$
$$56 = 5 \times 10 \ + \ 6 \times 1$$
$$\cdots$$
$$116 = 11 \times 10 \ + \ 6 \times 1$$

분해된 17개의 데이터를 보면 동일하게 갖는 값이 있다. 10과 1이다. 줄기와 잎 그림에서 공통으로 있는 값 중에서 큰 값을 줄기로, 작은 값을 잎으로 하였다. 줄기와 잎그림을 작성하는 과정은 다음과 같다.

✔ 최솟값과 최댓값을 구한다.
✔ 줄기와 잎을 결정한다.
✔ 종이에 세로 직선을 긋는다.

[그림 9-2] 줄기와 잎그림(1)

✔ 선의 왼쪽에 줄기, 선의 오른쪽에 잎이라고 쓴다.

줄기	잎

[그림 9-3] 줄기와 잎그림(2)

✔ 줄기에 가장 작은 줄기와 가장 큰 줄기에 해당하는 수치를 적당한 간격을 두고 적는다. 여기서 가장 작은 줄기는 5, 가장 큰 줄기는 11이다.

줄기	잎
5	
11	

[그림 9-4] 줄기와 잎그림(3)

✔ 가장 작은 줄기와 가장 큰 줄기, 즉 5와 11 사이에 있는 정수를 줄기에 적는다.

줄기	잎
5	
6	
7	
8	
9	
10	
11	

[그림 9-5] 줄기와 잎그림(4)

✔ 데이터 중에서 처음 있는 54의 자료를 줄기와 잎그림에 표현하면 다음과 같다. 참고로 54에서 줄기는 5이고, 잎은 4이다.

줄기	잎
5	4
6	
7	
8	
9	
10	
11	

[그림 9-6] 줄기와 잎그림(5)

✔ 두 번째 데이터부터 제일 마지막 데이터까지 동일한 방법으로 표현한다.

줄기	잎				
5	4	6	7	9	
6					
7	3	4	6	8	8
8	2	2	5	6	
9	1	4	8		
10					
11	6				

[그림 9-7] 줄기와 잎그림(6)

✔ 각 줄기에 있는 잎의 값을 오름차순으로 정렬한다. 즉 수치가 작은 것부터 큰 순으로 정렬한다. 여기서는 이미 데이터들이 정렬되어 있기 때문에 이 작업은 하지 않는다.

✔ 줄기 왼쪽에 빈도라고 넣는다.

빈도	줄기	잎				
	5	4	6	7	9	
	6					
	7	3	4	6	8	8
	8	2	2	5	6	
	9	1	4	8		
	10					
	11	6				

[그림 9-8] 줄기와 잎그림(7)

✔ 각 줄기에 있는 잎의 개수를 빈도에 기입하고, 제일 마지막에는 빈도의 합계를 계산해서 넣는다.

빈도	줄기	잎				
4	5	4	6	7	9	
0	6					
5	7	3	4	6	8	8
4	8	2	2	5	6	
3	9	1	4	8		
0	10					
1	11	6				
17						

[그림 9-9] 줄기와 잎그림(8)

✔ 빈도 옆에 누적빈도를 넣는다.

누적빈도	빈도	줄기	잎				
	4	5	4	6	7	9	
	0	6					
	5	7	3	4	6	8	8
	4	8	2	2	5	6	
	3	9	1	4	8		
	0	10					
	1	11	6				
	17						

[그림 9-10] 줄기와 잎그림(9)

✔ 누적빈도는 $[\frac{n}{2}]$(n: 빈도의 합계)을 넘지 않을 때까지 위와 아래 양쪽에서 누적한다. 여기서는 $[\frac{17}{2}]$은 8.5를 넘지 않는 최대 정수로 8이 된다.

누적빈도	빈도	줄기	잎				
4	4	5	4	6	7	9	
4	0	6					
9	5	7	3	4	6	8	8
8	4	8	2	2	5	6	
4	3	9	1	4	8		
1	0	10					
1	1	11	6				
	17						

[그림 9-11] 줄기와 잎그림(10)

누적빈도	빈도	줄기	잎				
4	4	5	4	6	7	9	
4	0	6					
9	5	7	3	4	6	8	8
8	4	8	2	2	5	6	
4	3	9	1	4	8		
1	0	10					
1	1	11	6				
	17						

[그림 9-12] 줄기와 잎그림(11)

[그림 9-12]에서 음영 처리된 부분은 양적 자료의 무게중심이 있는 구간이다. 즉 17개의 데이터의 무게중심은 73~86 사이에 존재한다는 뜻이다.

줄기와 잎그림을 통하여 히스토그램과 동일하게 양적 자료가 가지는 특징을 파악할 수 있다. 히스토그램과 한 가지 중요한 차이가 있다면 히스토그램은 원자료(raw data)를 구간으로 만들었기 때문에 자료의 일부 정보를 잃어버린다. 즉 54라는 값은 없어지고 50~65 구간으로 변경된다. 하지만 줄기와 잎그림은 원자료가 가지는 값이 그대로 표현되기 때문에 정보의 손실이 발생하지 않는다.

(3) 상자그림

상자그림은 일변량 양적 자료에 이상하게 크거나 이상하게 작은 이상치가 있는지를 파악하기 위해서 작성하는 그래프이다. 추가적으로 최솟값, 제1 사분위수(first quartile, Q_1), 중위수, 제3 사분위수(third quartile, Q_3), 최댓값, 사분위범위(IQR : Inter Quartile Range) 등의 정보를 얻을 수 있다.

상자그림에서 이상치를 파악하는 과정은 다음과 같다.

- ✔ 일변량 양적 자료를 오름차순으로 정렬한다.
- ✔ 자료의 개수를 처음으로 사등분하는 제1 사분위수(Q_1)와 세 번째로 자료의 개수를 사등분하는 제3 사분위수(Q_3)를 구한다.
- ✔ 사분위범위($Q_3 - Q_1$)를 구한다.

✔ $1.5 \times IQR$을 구한다.

✔ $Q_3 + 1.5 \times IQR$, $Q_1 - 1.5 \times IQR$을 구한다.

✔ 자료에서 $Q_3 + 1.5 \times IQR$보다 큰 값이 있으면 큰 쪽의 이상치이고, 자료에서 $Q_1 - 1.5 \times IQR$보다 작은 값이 있으면 작은 쪽의 이상치로 판정한다.

✔ 이상치가 있으면 해당 값의 위치에 작은 원을 그린다. 없으면 작은 원을 그리지 않는다.

위의 과정에서 구한 정보를 이용하여 상자그림을 작성하면 된다. 이상치가 없는 경우와 이상치가 있다. 이전에 사용했던 자료 중에서 제일 마지막 자료를 하나 변경하여 이상치가 없는 경우를 작성하면 다음과 같다.

54 56 57 59 73 74 76 78 78 82 82 85 86 91 94 98 96

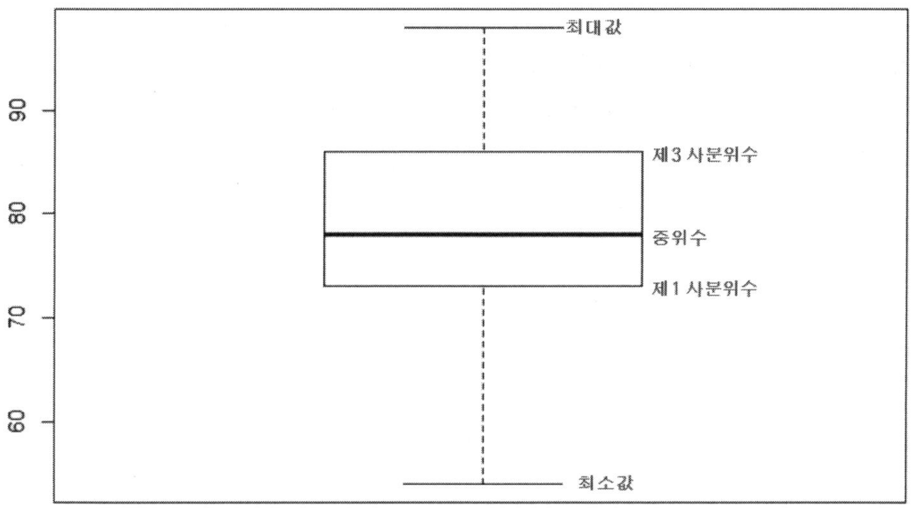

[그림 9-13] 상자그림(1)

이상치가 있는 경우는 다음과 같다.

54 56 57 59 73 74 76 78 78 82 82 85 86 91 94 98 116

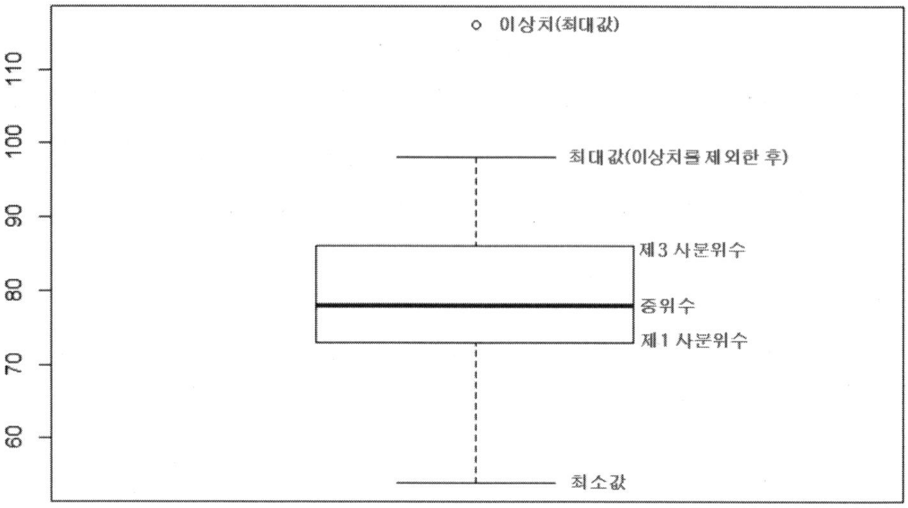

[그림 9-14] 상자그림(2)

일변량 양적 자료에 대한 상자그림이 [그림 9-13]처럼 나오면 자료에 이상치가 없음을 제일 먼저 파악할 수 있고, [그림 9-14]처럼 나오면 큰 쪽에 이상치가 최소 1개 이상 있음을 파악할 수 있다. 여기서 1개 이상이라고 한 이유는 동일한 값이 있을 수 있기 때문이다. 상자그림은 이상치 유무 이외에 대칭여부, 자료의 분포에 대한 정보를 얻을 수 있다.

9.3 기술통계량

일변량 양적 자료가 가지는 특징을 파악하는 세 번째 방법으로 기술통계량(descriptive statistics)이 있으며, 다른 이름으로는 요약통계량(summary statistics)이라고도 한다. 기술통계량은 일변량 양적 자료를 가지고 특정한 연산을 통하여 얻는 수치이며, 이 수치들은 일변량 양적 자료의 중심(또는 대푯값), 퍼짐(또는 산포), 분포의 모양을 알려준다.

양적 자료의 중심(대푯값)은 무엇이며, 어떻게 해석해야 하는가? 이 질문에 대한 대답은 결코 간단하지 않을 것 같다. 모집단(population)의 특징을 알려주는 모수(parameter)들을 추정하기 위해서, 양적 자료들 간의 거리를 계산하기 위해서, 양적 자료의 무게중심을 알기 위해서라고 답변할 수도 있다. 저자는 다르게 설명해보고 싶다(향후 이 개념들을 만들어낸 분들의 연구 자료를 조사해보아야겠다).

중심이라는 단어보다는 대푯값이라는 단어를 가지고 설명해본다. 대표라는 단어가 우리의 일상에서 사용하고 있거나 듣는 것은 아마도 과대표, 반대표, 대표이사, 국가대표 등일 것이다. 또한 국회의원도 있다. 국회의원은 국민의 대표라고 한다. 여기서 쓰이는 대표는 어떤 의미가 있을까? 국회의원이 국민을 대표한다는 것은 약 5,000만 명이 넘는 국민들이 모두 정치를 할 수 없기 때문에 국민들을 대표해서, 대신해서 정치를 잘 해 달라는 뜻으로 약 300명의 국회의원을 뽑는다. 좋은 국회의원은 누구일까? 아마도 국민들을 잘 대변해주는 국회의원일 것이다. 누가 잘 대변해줄 수 있을까? 그것은 국민들과 가장 비슷한 국회의원일 것이다. 국회의원에는 좋은 국회의원도 있고 나쁜 국회의원도 있다. 여기서 좋고 나쁨의 기준은 얼마나 국민을 잘 대표하는가이다. 다른 말로 하면 얼마나 국민들과 비슷한 사람들로 구성되었는가이다. 국회의원을 선출할 때에는 지역을 고려하여 지역별로 국회의원을 뽑지만, 성별, 연령, 재산, 학력 등은 고려하지 않는다. 즉 약 300명의 국회의원의 성비는 국민들의 성비와 큰 차이를 보이며, 연령, 재산, 학력 등에서도 차이를 보인다. 그렇게 되면 국민들을 전체적으로 대변하기 어려워질 것 같다.

이 생각을 양적 자료의 대푯값에 적용하면, 수많은 양적 자료를 대변할 수 있는 값을 계산을 통해 얻을 것이다. 이 값이 좋은 대푯값이라면 수많은 양적 자료와 많이 비슷할 것이고, 나쁜 대푯값이라면 수많은 양적 자료와 차이가 많이 나는 값일 것이다. 그리고 자료는 많기 때문에 분석하는 사람이 직접 자료를 수집하고, 가지고 있어도 자료를 보는 것은 거의 불가능하다. 그렇기 때문에 보지 못한 양적 자료가 어떻게 생겼는지를 알려주는 중요한 값으로 중심(대푯값)이 쓰이는 것이다.

(1) 중심(대푯값)

중심(대푯값)에는 평균(mean), 중위수(median), 최빈수(mode)가 있다. 각각에 대해서 간략히 살펴본다.

① 평균

평균은 일변량 양적 자료의 값을 다 더한 후에, 데이터의 개수로 나눈 값이다. 하지만 평균을 구하는 공식으로 데이터의 개수로 나눈다고 기억하지 않았으면 좋겠다. 통계에는 자유도(df: degree of freedom)라는 개념이 있으며, 자유도로 나눈다는 생각도 가지고 있으면 좋겠다. 분산, 표준편차나 가설검정을 배우게 되면 자유도를 만나게 될 것이다.

1, 2, 8, 9

위의 4개의 양적 자료의 평균은 얼마인가? 암산으로도 빠르게 계산할 수 있다. 평균은 5이다. 참고로 평균을 구하는 과정은 다음과 같다.

$$\frac{1+2+8+9}{4} = \frac{20}{4} = 5$$

그렇다면 평균을 5로 우리가 알 수 있는 것은 무엇인가? 평균은 왜 구했는가? 4개의 양적 자료에 대한 중심(대푯값)을 알고 싶어서 구했다. 그리고 한 가지 더 생각해야 하는 것은 4개의 양적 자료는 우리가 보지 못했다는 것이다. 설명을 위해서 임의로 4개의 양적 자료를 사용한 것이며, 자료를 분석하는 현실에서 만날 양적 자료의 양은 방대하다. 그렇기 때문에 우리는 자료를 하나 하나 볼 수가 없다. 수집했지만, 가지고 있지만 보지 못한 수많은 양적 자료가 어떻게 생겼는지를 알고 싶어서 기술통계량을 구하는 것이며, 그 중에서도 중심(대푯값)을 알고 싶어서 구한 것이다. 그러므로 보지 못한 4개의 양적 자료는 평균이 중심(대푯값)의 역할을 잘 한다면 평균 5와 비슷한 값들로 이루어져 있다고 해석할 수 있다.

하지만 평균은 아주 작은 값이나 아주 큰 값에 매우 민감하게 변한다. 즉 양적 자료 안에 아주 작은 값이 있다면 평균도 영향을 받아서 작은 값이 나오고, 양적 자료 안에 아주 큰 값이 있다면 평균도 큰 값이 나올 것이다. 다음의 자료를 보자.

1, 2, 8, 89

위의 4개의 양적 자료의 평균은 25이다. 위에서 말했던 것처럼 위의 4개의 자료는 보지 못한 것이며, 컴퓨터를 통해서 알게 된 평균이 25라는 것만 아는 것이다. 평균이 양적 자료의 중심(대푯값)의 역할을 잘 한다면 4개의 양적 자료는 대체적으로 평균 25와 비슷한 수치들로 구성되어 있을 것이다. 하지만 실제의 양적 자료는 그렇지 않다. 왜냐하면 89라는 이상하게 큰 값에 의해서 평균도 커졌기 때문이다. 그러므로 평균은 양적 자료 안에 이상치가 있으면 중심(대푯값)의 역할을 잘 하지 못한다. 하지만 현재 시점으로는 분석하는 양적 자료 안에 이상치가 있는지를 알지 못한다. 평균만 아는 것이다. 그래서 평균을 해석할 때 조심해야 한다. 평균만 안다면, 그 평균으로 이렇게 해석해보면 어떨까 한다. 만약에 양적 자료 안에 이상치가 없다면 양적 자료들이 평균과 비슷한 값으로 이루어져 있고, 만약에 양적 자료에 이상치가 있다면 양적 자료들은 평균과 전혀 다른 값들로 이루어져 있다고…

평균이 이상치에 영향을 받기 때문에 생각해낸 개념이 절사평균(trimmed mean)이다. 절사평균은 양적 자료를 오름차순(또는 내림차순)으로 정렬하고, 정렬된 양적 자료에서 양쪽의 일부 자료를 제거한 후에 평균을 구한다. 5% 절사평균은 작은 쪽의 양적 자료 중에서 5%의 자료를 제거하고, 또한 큰 쪽의 양적 자료 중에서 5%의 자료를 제거한 후에 평균을 구한 것이다.

양적 자료를 분석할 때에 다양한 절사평균을 구해서 평균과 함께 비교하면서 사용하면 자료의 특징을 좀 더 잘 파악할 수 있다. 참고로 절사평균은 개인 또는 기관 등을 평가할 때에 자주 사용된다. 피겨 스케이트 종목에서 전광판에 나오는 점수가 바로 절사평균이다. 동계올림픽, 세계선수권, 챔피언 시리즈와 같이 큰 대회에서는 심판이 9명이며, 9명의 심판이 판정한 점수에서 가장 낮은 점수와 가장 높은 점수를 제외한 7명의 평가 점수를 평균을 낸 것이 최종적인 선수의 점수가 된다고 한다.

만약 평균과 절사평균의 수치가 비슷하게 나왔다면 우리는 무엇을 알 수 있는가? 즉 평균은 200, 5% 절사평균은 195라고 한다면 우리는 무엇을 알 수 있는가? 양적 자료 안에 이상치가 없을 가능성이 매우 높다. 이상치가 없다면 평균은 양적 자료의 중심(대푯값)의 역할을 잘 할 수 있다. 그러므로 우리가 보지 못한 양적 자료들은 평균 200과 비슷한 값들로 구성되어 있다고 해석할 수 있다.

반대로 평균과 절사평균의 수치가 크게 나왔다면 우리는 무엇을 알 수 있는가? 즉 평균은 200, 5% 절사평균은 50으로 나왔다면? 우리가 보지 못한 양적 자료 안에 이상치가 있으며, 이상치가 있기 때문에 평균 200은 중심(대푯값)의 역할을 잘 할 수 없다. 이럴 때는 평균보다는 5% 절사평균으로 양적 자료의 중심(대푯값)으로 해석하는 것이 바람직하다. 즉 우리가 보지 못한 양적 자료들은 5% 절사평균 50과 비슷한 수치들로 구성되어 있다.

② 중위수

중위수는 중앙값이라고 하며, 일변량 양적 자료를 정렬한 후에 순서적으로 가운데 있는 값이다. 다른 말로 하면, 일변량 양적 자료의 개수를 이등분하는 값이다. 중위수보다 수치가 작은 양적 자료가 50%, 중위수보다 수치가 큰 양적 자료도 50%가 되도록 한다. 중위수는 일변량 양적 자료의 개수가 홀수일 때와 짝수일 때에 구하는 방법이 다르다. 홀수일 때에는 정렬했을 때의 순서로 $(n+1)/2$번째의 값이 되며, 짝수일 때에는 정렬했을 때의 순서로 $n/2$번째와 값과 $(n/2)+1$번째 값의 평균이다. 여기서 n은 양적 자료의 개수이다.

$$1,\ 2,\ 8,\ 9$$

위 4개의 양적 자료에 대한 중위수는 5이다(2번째 값과 3번째 값의 평균이다). 중위수 5를 통해서 알 수 있는 것은 무엇인가? 중위수 5보다 작은 양적 자료가 50%, 중위수 5보다 큰 양적 자료가 50% 있다는 알았다. 또 알 수 있는 것은 무엇인가? 양적 자료의 중심(대푯값)이다. 중위수 기준으로 보면, 우리가 보지 못한 4개의 양적 자료는 중위수 5와 비슷하게 생겼다고 생각한다. 중위수도 양적 자료의 중심(대푯값)으로 역할을 잘 할 수도 있고, 그렇지 않을 수도 있다.

$$1,\ 2,\ 8,\ 89$$

위 4개의 양적 자료의 중위수는 얼마인가? 5이다.

$$1,\ 2,\ 8,\ 989$$

위 4개의 양적 자료의 중위수는 얼마인가? 5이다. 중위수는 평균과 다르게 이상치에 영향을 덜 받는다. 그러므로 이상치가 있을 때에는 평균보다 중위수가 양적 자료의 중심(대푯값)의 역할을 더 잘 할 수 있다.

③ 최빈수

최빈수는 최빈값이라고도 하며, 일변량 양적 자료에서 동일한 값이 가장 많은 수치이다. 즉 일변량 양적 자료가 가지는 각각의 값에 대한 빈도를 구했을 때에 빈도가 가장 큰 값이 된다.

$$1,\ 1,\ 2,\ 2,\ 2,\ 2,\ 3,\ 4$$

위 8개 양적 자료의 최빈수는 얼마인가? 2이다. 1의 빈도는 2, 2의 빈도는 4, 3의 빈도는 1, 4의 빈도는 1이므로 2가 빈도가 가장 많다. 최빈수 2를 통해서 알 수 있는 것은 무엇인가? 양적 자료 중에서 2가 가장 많다는 것을 알 수 있다. 또 알 수 있는 것은 무엇인가? 최빈수도 양적 자료의 중심을 알고 싶어서 구한 값이므로 최빈수 2와 우리가 보지 못한 8개의 양적 자료는 비슷하게 생겼을 것이라고 생각한다. 물론 최빈수 2가 양적 자료의 중심(대푯값)의 역할을 잘 할 수도 있고, 그렇지 않을 수도 있다.

1, 2, 2, 2, 3, 3, 3, 4

위 8개 양적 자료의 최빈수는 얼마인가? 고민이 될 것이다. 2일까? 3일까? 2와 3의 평균일까? 2와 3일까? 정답은 2와 3이다. 최빈수는 평균, 중위수와 다르게 2개 이상의 값을 가질 수 있다.

1, 2, 3, 4

위 8개 양적 자료의 최빈수는 얼마일까? 1, 2, 3, 4라고 빨리 답변할 수 있다. 하지만 최빈수는 없다. 최빈수는 동일한 값이 2번 이상이 있어야 자격을 가질 수 있다.

참고로 EBS의 지식채널 e라는 프로그램에서 제작한『Numbers 3부 - 48분의 함정』이라는 동영상을 보면, 평균, 중위수, 최빈수에 대한 개념을 이해하는 데에 도움이 될 것이다.

(2) 퍼짐(산포)

퍼짐(또는 산포)은 일변량 양적 자료들이 서로 얼마나 다른지, 얼마나 떨어져 있는지를 알려주는 정보이다. 퍼짐(산포)에는 범위, 사분위범위, 분산, 표준편차, 중위수 절대편차가 있다. 퍼짐(산포)의 값이 크면 양적 자료들이 서로 많이 다르다는 의미이며, 퍼짐(산포)의 값이 작으면 양적 자료들이 서로 비슷한 값들로 구성되어 있다는 정보를 준다.

① 범위

범위는 일변량 양적 자료의 최댓값에서 최솟값을 뺀 값이다.

1, 2, 8, 9

위 4개의 양적 자료의 범위는 8(＝9－1)이다. 우리가 보지 못한 4개의 양적 자료는 약 8 정도 차이가 나는 값들로 구성되어 있다고 해석한다.

1, 2, 8, 89

위 4개의 양적 자료의 범위는 88(=89-1)이다. 우리가 보지 못한 4개의 양적 자료는 약 88 정도 차이가 나는 값들로 구성되어 있다고 해석했다. 하지만 자료를 보면 3개의 양적 자료(대부분)는 비슷하고, 89라는 하나의 양적 자료(일부)는 대부분의 양적 자료와 차이가 많이 난다. 범위가 88 나왔기 때문에 우리가 보지 못한 양적 자료들이 많이 다를 것이라고 해석했는데, 이 해석에 문제가 있다. 범위는 평균과 마찬가지로 이상치에 영향을 많이 받는다. 양적 자료에 이상치가 있으면 범위는 양적 자료의 산포(퍼짐)의 기능을 잘 할 수 없다.

그래서 생각한 것이 사분위범위(IQR : Inter Quartile Range)이다. 사분위범위는 양적 자료를 정렬한 후에 작은 쪽의 25%와 큰 쪽의 25% 자료를 제거한 후에, 범위를 구한 값이다.

1, 2, 8, 9

위 4개의 양적 자료의 사분위범위는 6이다. 즉 작은 쪽의 1, 큰 쪽의 9라는 자료가 제거된 후, 2, 8의 자료에서 범위를 구했기 때문이다. 범위는 8, 사분위범위는 6으로 두 값이 비슷하다. 그렇다면 우리는 무엇을 알 수 있는가? 이상치가 없다는 뜻이 된다. 이상치가 없으면 범위가 양적 자료의 퍼짐(산포)의 역할을 잘 할 수 있다. 그러므로 우리는 범위 8로 4개의 양적 자료의 퍼짐(산포)의 정보를 해석해도 좋다.

1, 2, 8, 89

위 4개의 양적 자료의 사분위범위는 6이다. 범위 88과 많은 차이를 보인다. 우리가 알 수 있는 것은 4개의 양적 자료 중에 이상치가 있다는 것이다. 이상치가 있으면 범위 88은 양적 자료의 퍼짐(산포)의 역할을 잘 하지 못하므로, 사분위범위 6으로 4개의 양적 자료의 퍼짐(산포)를 해석하는 것이 바람직하다.

② 분산

분산(variance)은 일변량 양적 자료들이 평균과 얼마나 떨어져 있는가라는 아이디어를 이용하여 구한 값이다. 각 자료에서 평균을 뺀다. 이것을 편차(deviation)라고 한다. 다시 편차를 제곱하고, 편차의 제곱합을 자유도(degree of freedom)로 나눈 값이 분산된다. 분석에서 사용되는 자료는 표본으로 온 것이 대부분이므로 우리가 여기서 다루는 값들은 표본으로 간주했다. 그러므로 여기서 말하는 분산은 정확히 말하면 표본의 분산이 된다. 표본의 분산에서의 자유도는 $n-1$이 된다. 자유도에 관심이 있는 분들은 다른 전문 통계학 책을 참고하기 바란다.

분산이 크면 우리가 보지 못한 양적 자료들이 평균과 차이가 많이 나는 값들로 구성되어 있다는 뜻이며, 분산이 작으면 우리가 보지 못한 양적 자료들이 평균과 비슷한 값들로 구성되어 있다고 해석한다.

하지만 분산도 이상치에 영향을 잘 받기 때문에 일변량 양적 자료에 이상치가 있으면 분산은 양적 자료의 퍼짐(산포)의 역할을 잘 할 수 없다.

또한 분산은 양적 자료의 값이 cm, kg 등과 같은 단위를 가진다면 문제가 발생한다. 편차를 제곱했기 때문에 분산의 최종적인 단위는 cm^2, kg^2이 된다. 이것을 극복하기 위해서 만든 값이 표준편차이다.

③ 표준편차

표준편차(standard deviation)는 분산의 제곱근(root)이며, 통계에서 양적 자료의 퍼짐(산포)으로서 가장 많이 사용한다. 표준편차가 크게 나오면 우리가 보지 못한 양적 자료들이 평균과 많이 다른 값으로 구성되어 있고, 표준편차가 작게 나오면 우리가 보지 못한 양적 자료들이 평균과 비슷한 값으로 구성되어 있다고 해석한다. 하지만 표준편차도 이상치에 영향을 많이 받기 때문에 양적 자료 안에 이상치가 있으면 양적 자료의 퍼짐(산포)의 역할을 잘 하지 못한다.

④ 중위수 절대 편차

중위수 절대 편차(mad : median absolute deviation)는 중위수의 개념을 이용하여 양적 자료의 퍼짐(산포)의 정보를 구한 것이다. 중위수 절대 편차를 구하는 과정은 다음과 같다.

1, 2, 8, 9

- ✔ 중위수를 구한다. 중위수는 5이다.
- ✔ 각 자료에서 중위수를 뺀다. (1−5), (2−5), (8−5), (9−5)로 −4, −3, 3, 4가 된다.
- ✔ 각 자료에서 중위수를 뺀 값에 절댓값을 취한다. 4, 3, 3, 4
- ✔ 위 값을 오름차순으로 정렬한다. 3, 3, 4, 4
- ✔ 위 값에서 중위수를 구한다. 3.5가 된다. 이 값을 중위수 절대 편차라고 한다.

중위수 절대 편차 3.5는 중위수 5와 우리가 보지 못한 4개의 양적 자료는 약 3.5 정도 다른 값들로 구성되어 있다고 해석한다.

다음과 같이 이상치가 있는 경우를 보자.

1, 2, 8, 89

- ✔ 중위수를 구한다. 중위수는 5이다.
- ✔ 각 자료에서 중위수를 뺀다. (1－5), (2－5), (8－5), (89－5)로 －4, －3, 3, 84가 된다.
- ✔ 각 자료에서 중위수를 뺀 값에 절댓값을 취한다. 4, 3, 3, 84
- ✔ 위 값을 오름차순으로 정렬한다. 3, 3, 4, 84
- ✔ 위 값에서 중위수를 구한다. 3.5가 된다. 이 값을 중위수 절대 편차라고 한다.

보는 것과 같이, 중위수 절대 편차는 이상치에 영향을 덜 받는다. 그러므로 이상치가 있을 때에는 중위수 절대 편차가 범위, 분산, 표준편차보다 양적 자료의 퍼짐(산포)의 역할을 더 잘 한다. 중위수 절대 편차도 중요한 값으로 많이 사용하길 바란다.

(3) 분포의 모양

분포의 모양을 알려주는 수치로는 왜도와 첨도가 있다.

① 왜도

왜도(skewness)는 일변량 양적 자료가 대칭인지 아닌지를 알려주는 정보이다. 왜도를 구하는 과정은 다른 전문적인 통계학 책을 참고하길 바란다. 왜도는 크게 세 가지로 구분할 수 있다. 왜도의 값이 0에 가깝게 나오면 우리가 보지 못한 양적 자료는 대칭이라고 판단하며, 왜도의 값이 0보다 크거나 작게 나오면 우리가 보지 못한 양적 자료는 비대칭이라고 판단한다.

② 첨도

첨도(kurtosis)는 일변량 양적 자료의 중심이 얼마나 뾰족한지를 알려주는 정보이다. 첨도도 구하는 과정에 관심이 있는 분들은 다른 전문적인 통계학 책을 참고하길 바란다. 첨도가 0에 가까운 값이 나오면 중심의 높이가 보통이고, 첨도가 0보다 클수록 중심이 뾰족해지고, 첨도가 0보다 작을수록 중심이 완만해진다.

9.4 R을 이용한 일변량 양적 자료의 분석

(1) 구간의 표

일변량 양적 자료의 빈도와 백분율을 구하기 위해서는 구간의 정보를 가지는 새로운 변수를 생성해야 한다. 이것을 위해서 cut( ) 함수를 사용하면 되고, 사용하는 방법은 다음과 같다.

[표 9-2] cut( ) 함수의 사용법

argument	설명
data	분석할 일변량 양적 자료를 지정하며, 데이터의 형태는 벡터이다.
breaks	구간의 정보로 c( ), :, seq( ), quantile( ) 함수를 적절하게 사용하면 된다.

diamonds 데이터의 price라는 양적 자료를 이용하며, 구간을 0~5000, 5000~10000, 10000~15000, 15000~20000으로 한다. 구간의 정보를 갖는 새로운 변수명은 gprice로 한다.

- diamonds$gprice = cut(diamonds$price, breaks=c(0, 5000, 10000, 15000, 20000))
- 또는 diamonds$gprice = cut(diamonds$price, breaks=seq(start=0, to=20000, by=5000))

```
Console ~/
 [9892] (0,5e+03] (0,5e+03] (0,5e+03] (0,5e+03] (0,5e+03] (0,5e+03] (0,5e+03]
 [9899] (0,5e+03] (0,5e+03] (0,5e+03] (0,5e+03] (0,5e+03] (0,5e+03] (0,5e+03]
 [9906] (0,5e+03] (0,5e+03] (0,5e+03] (0,5e+03] (0,5e+03] (0,5e+03] (0,5e+03]
 [9913] (0,5e+03] (0,5e+03] (0,5e+03] (0,5e+03] (0,5e+03] (0,5e+03] (0,5e+03]
 [9920] (0,5e+03] (0,5e+03] (0,5e+03] (0,5e+03] (0,5e+03] (0,5e+03] (0,5e+03]
 [9927] (0,5e+03] (0,5e+03] (0,5e+03] (0,5e+03] (0,5e+03] (0,5e+03] (0,5e+03]
 [9934] (0,5e+03] (0,5e+03] (0,5e+03] (0,5e+03] (0,5e+03] (0,5e+03] (0,5e+03]
 [9941] (0,5e+03] (0,5e+03] (0,5e+03] (0,5e+03] (0,5e+03] (0,5e+03] (0,5e+03]
 [9948] (0,5e+03] (0,5e+03] (0,5e+03] (0,5e+03] (0,5e+03] (0,5e+03] (0,5e+03]
 [9955] (0,5e+03] (0,5e+03] (0,5e+03] (0,5e+03] (0,5e+03] (0,5e+03] (0,5e+03]
 [9962] (0,5e+03] (0,5e+03] (0,5e+03] (0,5e+03] (0,5e+03] (0,5e+03] (0,5e+03]
 [9969] (0,5e+03] (0,5e+03] (0,5e+03] (0,5e+03] (0,5e+03] (0,5e+03] (0,5e+03]
 [9976] (0,5e+03] (0,5e+03] (0,5e+03] (0,5e+03] (0,5e+03] (0,5e+03] (0,5e+03]
 [9983] (0,5e+03] (0,5e+03] (0,5e+03] (0,5e+03] (0,5e+03] (0,5e+03] (0,5e+03]
 [9990] (0,5e+03] (0,5e+03] (0,5e+03] (0,5e+03] (0,5e+03] (0,5e+03] (0,5e+03]
 [9997] (0,5e+03] (0,5e+03] (0,5e+03] (0,5e+03]
 [ reached getOption("max.print") -- omitted 43940 entries ]
Levels: (0,5e+03] (5e+03,1e+04] (1e+04,1.5e+04] (1.5e+04,2e+04]
>
```

[그림 9-15] 구간의 표

① 빈도 구하기

- table(diamonds$gprice)

```
Console ~/
>
> table(diamonds$gprice)

      (0,5e+03]    (5e+03,1e+04] (1e+04,1.5e+04] (1.5e+04,2e+04]
          39226             9492            3567            1655
>
```

[그림 9-16] 구간의 빈도 구하기

② 백분율 구하기

- prop.table(table(diamonds$gprice))*100

```
Console ~/
>
> prop.table(table(diamonds$gprice))*100

      (0,5e+03]    (5e+03,1e+04] (1e+04,1.5e+04] (1.5e+04,2e+04]
      72.721542        17.597330        6.612903        3.068224
>
```

[그림 9-17] 구간의 백분율 구하기

(2) 히스토그램

히스토그램은 hist( ) 함수를 사용하며, 그 방법은 다음과 같다.

[표 9-3] hist( ) 함수의 사용법

argument	설명
x	분석할 일변량 양적 자료를 지정하며, 데이터의 형태는 벡터이다.
breaks	구간의 정보로 c( ), :, seq( ), quantile( ) 함수 또는 구간의 개수를 적절하게 사용하면 된다.

① 기본

- hist(diamonds$price)

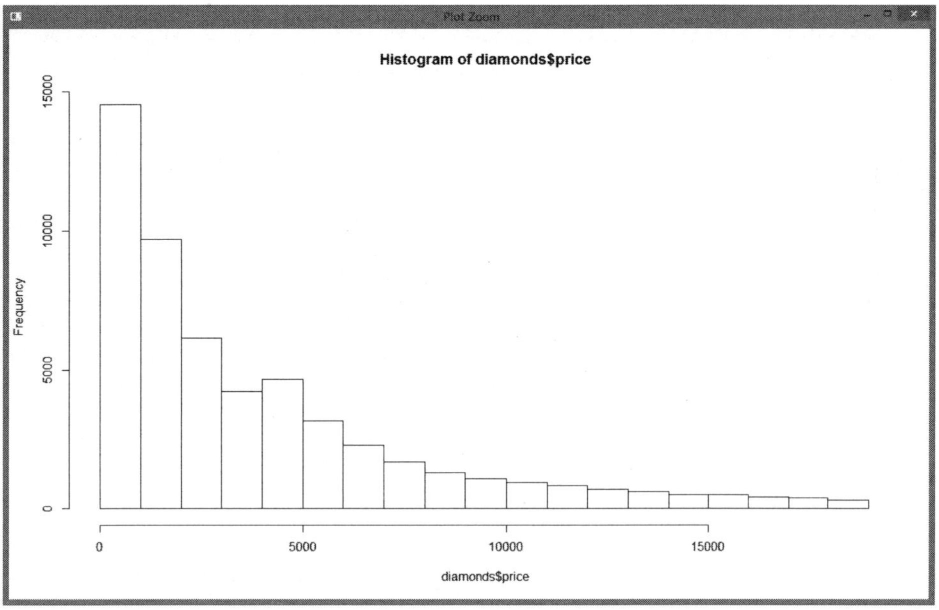

[그림 9-18] 히스토그램(기본)

② 구간을 새롭게 지정

- hist(diamonds$price, breaks=c(0, 5000, 10000, 15000, 20000))

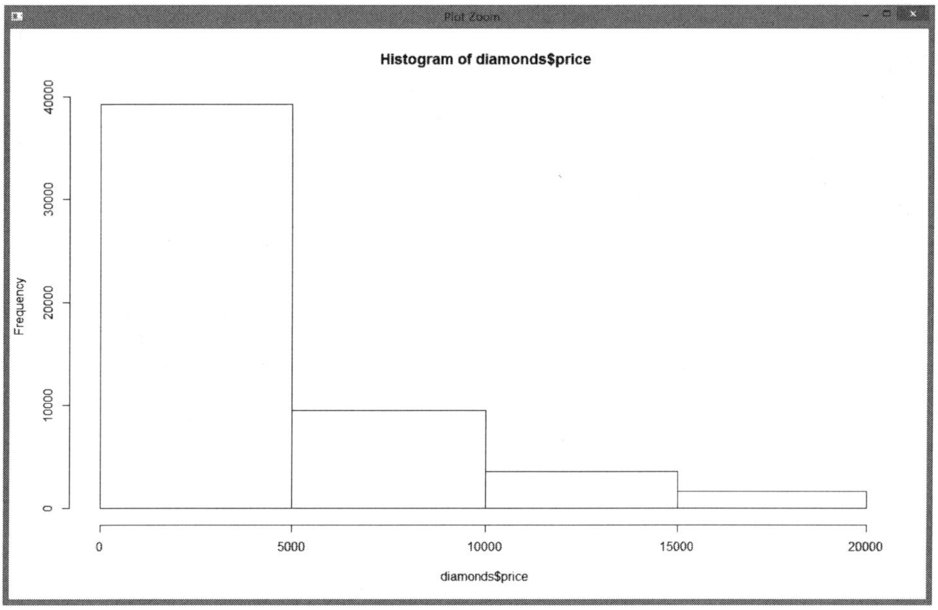

[그림 9-19] 히스토그램(사용자가 구간을 지정)

③ 구간의 개수를 지정

• hist(diamonds$price, breaks=10)

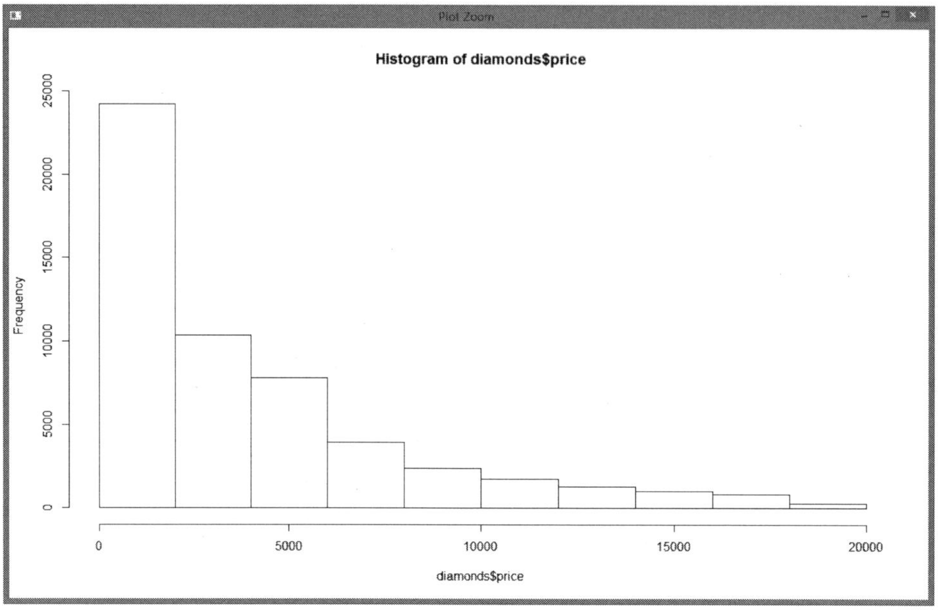

[그림 9-20] 히스토그램(구간의 개수를 지정)

(3) 줄기와 잎그림

9.2절에서 사용했던 자료를 가지고 줄기와 잎그림을 작성하며, stem( ) 함수를 사용하면 된다. 그 방법은 다음과 같다.

[표 9-4] stem( ) 함수의 사용법

argument	설명
x	분석할 일변량 양적 자료를 지정하며, 데이터의 형태는 벡터이다.
scale	1이 기본이며, 1보다 작으면 줄기의 개수가 줄어들고, 1보다 크면 줄기의 개수가 늘어난다. 보통 0.5, 1, 2를 사용한다.

① 기본

- d1 = c(54, 56, 57, 59, 73, 74, 76, 78, 78, 82, 82, 85, 86, 91, 94, 98, 116)
- stem(d1)

```
The decimal point is 1 digit(s) to the right of the |

 4 | 4679
 6 | 34688
 8 | 2256148
10 | 6
```

[그림 9-21] 줄기와 잎 그림(기본)

② sclae=0.5인 경우

- stem(d1, scale=0.5)

```
The decimal point is 2 digit(s) to the right of the |

0 | 5666778888889999
1 | 02
```

[그림 9-22] 줄기와 잎 그림(scale=0.5인 경우)

③ sclae=2인 경우

- stem(d1, scale=2)

```
The decimal point is 1 digit(s) to the right of the |

 5 | 4679
 6 |
 7 | 34688
 8 | 2256
 9 | 148
10 |
11 | 6
```

[그림 9-23] 줄기와 잎 그림(scale=2인 경우)

(4) 상자그림(Boxplot)

상자그림은 boxplot( ) 함수를 사용하면 되고, 히스토그램과 줄기와 잎그림과는 다르게 집단별로 작성할 수 있다. 사용 방법은 다음과 같다.

[표 9-5] boxplot( ) 함수의 사용법

argument	설명
formular	집단별로 상자그림을 그릴 때 사용할 수 있다. 양적 자료(y) ~ 질적 자료(group) 형태이다.
x	분석할 일변량 양적 자료를 지정하며, 데이터의 형태는 벡터이다.
range	이상치를 판단하는 기준으로 1.5가 기본이다. 즉 1.5배의 IQR를 사용한다는 뜻이다. 사용자가 원하는 값으로 변경할 수 있다.

diamonds의 price를 이용한다.

① 기본

- boxplot(diamonds$price)

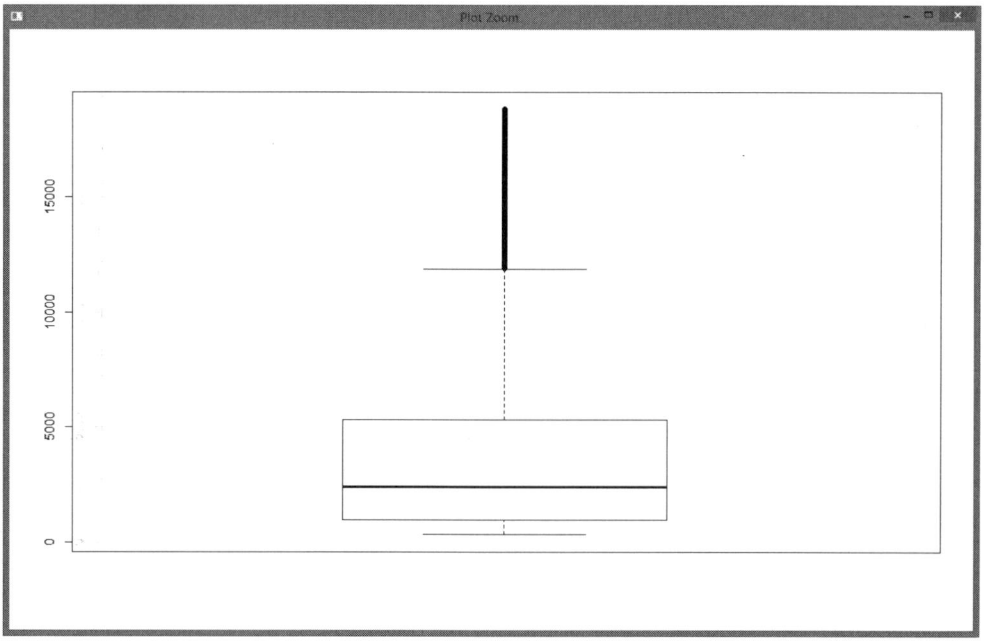

[그림 9-24] 상자그림(기본)

② range=3인 경우

- boxplot(diamonds$price, range=3)

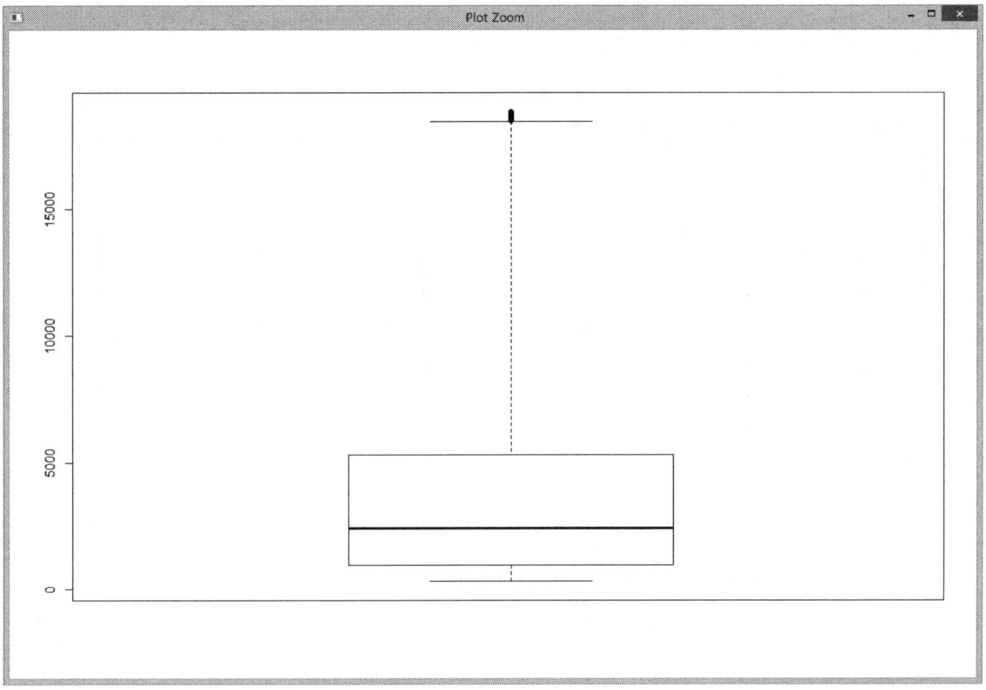

[그림 9-25] 상자그림(scale=3인 경우)

③ 집단별 상자그림

cut별로 price에 대한 상자그림을 작성하려면 다음과 같이 한다.

- boxplot(diamonds$price ~ diamonds$cut)
- 또는 boxplot(price ~ cut, data=diamonds)

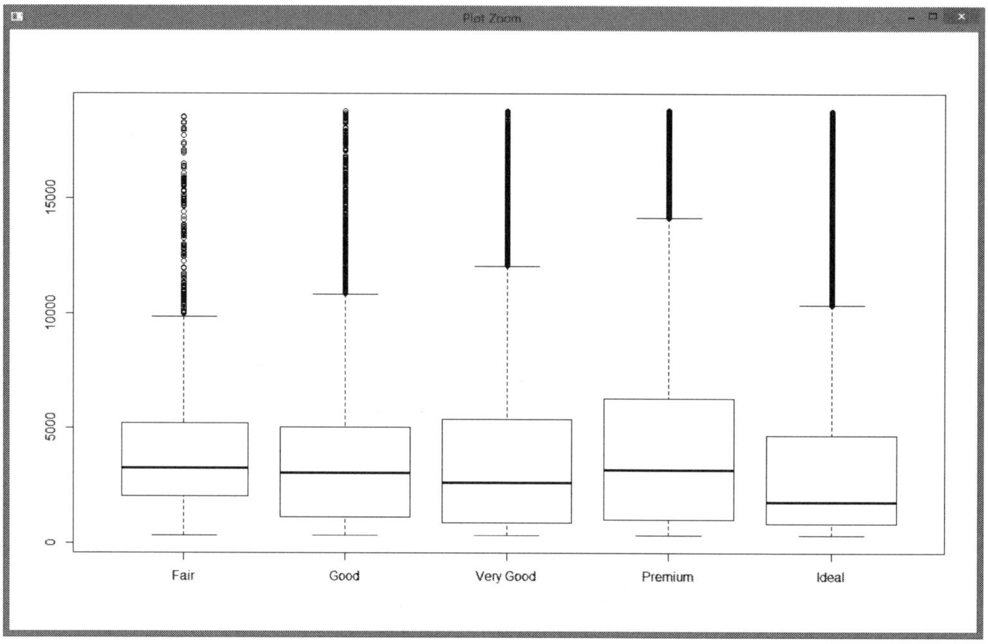

[그림 9-26] 상자그림(집단별)

(5) 기술통계량(요약통계량)

기술통계량은 각각에 대한 함수를 사용하는 방법과 summary( ) 함수나 psych 패키지에 있는 describe( ) 함수나 describeBy( ) 함수를 이용하여 한 번에 여러 개의 기술통계량을 구할 수 있다.

① 평균

평균은 mean( ) 함수를 이용하며, 사용 방법은 다음과 같다.

[표 9-6] mean( ) 함수의 사용법

argument	설명
x	분석할 일변량 양적 자료를 지정하며, 데이터의 형태는 벡터이다.
trim	절사평균을 구할 때 사용하며, 몇 %의 절사평균인지를 지정하는 값으로 0~0.5 사이의 값을 가진다.
na.rm	자료 안에 결측치인 NA가 있을 때에 평균이 계산되지 않으므로 제거해야 계산이 된다. 기본은 FALSE이며 결측치가 있을 때에는 TRUE로 수정해야 한다.

✔ 기본

- mean(diamonds$price)

✔ 결측치 제거

- mean(diamonds$price, na.rm=TRUE)

✔ 5% 절사평균

- mean(diamonds$price, trim=0.05)

```
Console ~/
>
> mean(diamonds$price)
[1] 3932.8
> mean(diamonds$price, na.rm=TRUE)
[1] 3932.8
> mean(diamonds$price, trim=0.05)
[1] 3470.837
>
```

[그림 9-27] 평균

② 중위수

중위수는 양적 자료를 정렬한 후에 데이터의 개수를 반으로 나누게 하는 값으로 양적 자료의 중심을 알려준다. 평균과 다르게 이상하게 크거나 이상하게 작은 값에 영향을 덜 받는 특징이 있다.

- median(diamonds$price)

```
Console ~/
>
> median(diamonds$price)
[1] 2401
>
```

[그림 9-28] 중위수

③ 최빈수(Mode)

최빈수는 양적 자료 중에서 동일한 값이 가장 많은 값으로 양적 자료의 중심을 알려준다. 최빈수는 다른 값과 다르게 2개 이상이 나올 수 있다.

- index = which.max(table(diamonds$price))
- table(diamonds$price)[index]

```
Console ~/
>
> index = which.max(table(diamonds$price))
> table(diamonds$price)[index]
605
132
>
```

[그림 9-29] 최빈수(1)

- install.packages("prettryR") # 이미 설치가 되어 있으면 안 해도 됨
- require(prettyR) # 패키지가 설치되어 있어도 꼭 실행해야 함
- Mode(diamonds$price)

```
Console ~/
>
> require(prettyR)
> Mode(diamonds$price)
[1] "605"
>
```

[그림 9-30] 최빈수(2)

④ 범위(Range) : 최댓값(Max) - 최솟값(Min)

범위는 양적 자료의 퍼짐(산포)을 알려주는 값으로 최댓값에서 최솟값을 뺀 값이다. 범위가 큰 값을 가지면 자료가 많이 퍼져 있다고(또는 많이 다르다고) 해석한다. 하지만 범위도 평균과 마찬가지로 아주 작은 값이나 아주 큰 값에 영향을 받기 때문에 해석에 주의가 필요하다. R에서는 범위를 바로 구해주는 함수가 없다. range( ) 함수는 최솟값과 최댓값을 알려주며, diff( ) 함수는 함수 안에 지정된 수가 차이를 알려준다. 여기서 차이는 두 수에서 뒤에 있는 수에서 앞에 있는 수를 뺀 값이 된다. 그러므로 R에서 범위를 구하기 위해서는 diff( ) 함수 안에 ragne( ) 함수의 결과를 지정해주어야 한다.

- diff(range(diamonds$price))

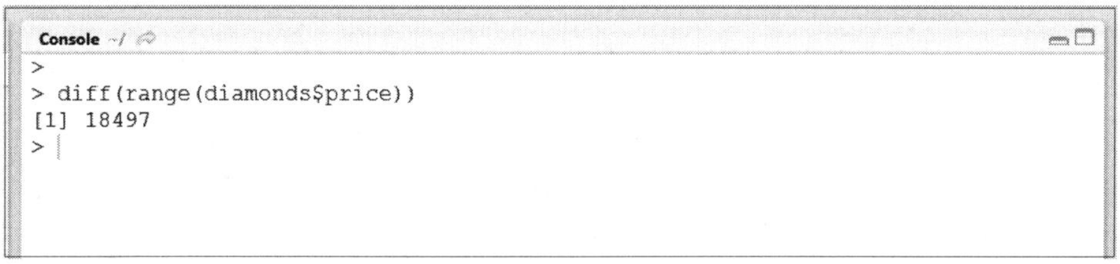

[그림 9-31] 범위

⑤ 분산(Variance)

분산은 각 자료에서 평균을 뺀 값, 즉 편차(deviation)를 제곱한 값을 평균한 것이다. 분산은 양적 자료의 퍼짐(산포)을 알려주는 값으로 분산이 크면 자료가 많이 다르다고, 분산이 작으면 자료가 비슷하다고 해석한다. 하지만 분산도 아주 작은 값이나 아주 큰 값에 영향을 받는 특징이 있다.

- var(diamonds$price)

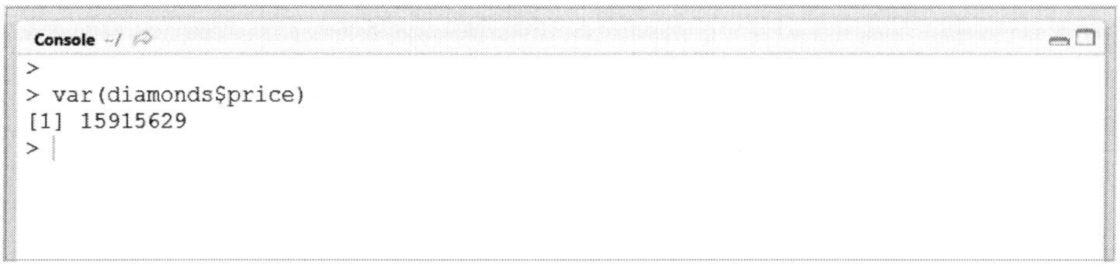

[그림 9-32] 분산

⑥ 표준편차(Standard Deviation)

표준편차는 분산의 제곱근(square root)이며, 양적 자료의 퍼짐(산포)을 알려주는 대표적인 값이다. 표준편차는 자료들이 평균과 얼마나 다를까를 알려주며, 표준편차가 크게 나오면 평균과 차이가 많이 나는 자료들로 구성되어 있다고, 표준편차가 작게 나오면 평균과 비슷한 자료들로 구성되어 있다고 해석한다. 표준편차도 평균, 범위, 분산과 동일하게 이상한 값에 영향을 많이 받는 특징이 있다.

- sd(diamonds$price)

```
Console ~/
>
> sd(diamonds$price)
[1] 3989.44
>
```

[그림 9-33] 표준편차

하나의 함수로 6개의 기술통계량(최솟값, 제1 사분위수, 중위수, 평균, 제3 사분위수, 최댓값) 구하기

- summary(diamonds$price)

```
Console ~/
>
> summary(diamonds$price)
   Min. 1st Qu.  Median    Mean 3rd Qu.    Max.
    326     950    2401    3933    5324   18820
>
```

[그림 9-34] summary( )

집단별로 기술통계량 구하기
by(양적 자료, 질적 자료, 함수명)

- by(diamonds$price, diamonds$cut, mean) # 집단별 평균

```
Console ~/
>
> by(diamonds$price, diamonds$cut, mean)
diamonds$cut: Fair
[1] 4358.758
--------------------------------------------------------
diamonds$cut: Good
[1] 3928.864
--------------------------------------------------------
diamonds$cut: Very Good
[1] 3981.76
--------------------------------------------------------
diamonds$cut: Premium
[1] 4584.258
--------------------------------------------------------
diamonds$cut: Ideal
[1] 3457.542
>
```

[그림 9-35] 집단별로 평균 구하기

- by(diamonds$price, diamonds$cut, sd) # 집단별 표준편차

```
Console ~/
>
> by(diamonds$price, diamonds$cut, sd)
diamonds$cut: Fair
[1] 3560.387
--------------------------------------------------------
diamonds$cut: Good
[1] 3681.59
--------------------------------------------------------
diamonds$cut: Very Good
[1] 3935.862
--------------------------------------------------------
diamonds$cut: Premium
[1] 4349.205
--------------------------------------------------------
diamonds$cut: Ideal
[1] 3808.401
>
```

[그림 9-36] 집단별로 표준편차 구하기

- by(diamonds$price, diamonds$cut, summary) # 집단별 6개 기술통계량

```
Console ~/
> by(diamonds$price, diamonds$cut, summary)
diamonds$cut: Fair
   Min. 1st Qu.  Median    Mean 3rd Qu.    Max.
    337    2050    3282    4359    5206   18570
------------------------------------------------------------
diamonds$cut: Good
   Min. 1st Qu.  Median    Mean 3rd Qu.    Max.
    327    1145    3050    3929    5028   18790
------------------------------------------------------------
diamonds$cut: Very Good
   Min. 1st Qu.  Median    Mean 3rd Qu.    Max.
    336     912    2648    3982    5373   18820
------------------------------------------------------------
diamonds$cut: Premium
   Min. 1st Qu.  Median    Mean 3rd Qu.    Max.
    326    1046    3185    4584    6296   18820
------------------------------------------------------------
diamonds$cut: Ideal
   Min. 1st Qu.  Median    Mean 3rd Qu.    Max.
    326     878    1810    3458    4678   18810
> |
```

[그림 9-37] 집단별로 summary( )

참고로 기술통계량(또는 요약통계량)을 구하는 데에 유용한 기능으로 psych 패키지 안의 describe( ), describeBy( ) 함수가 있다. describe( ) 함수는 데이터의 개수(n), 평균, 표준편차, 중위수, 10% 절사평균, 중위수 절대 편차(MAD), 최솟값, 최댓값, 범위, 왜도, 첨도, 표준오차를 알려 준다. describeBy( ) 함수는 집단별로 describe( ) 함수에서 구한 기술통계량을 구해준다.

- install.packages("psych")
- library(psych)
- describe(diamonds$price)

```
Console ~/
>
> describe(diamonds$price)
  vars     n   mean      sd median trimmed     mad min   max range skew
1    1 53940 3932.8 3989.44   2401 3158.99 2475.94 326 18823 18497 1.62
  kurtosis    se
1     2.18 17.18
> |
```

[그림 9-38] describe( )

[표 9-7] describe( ) 결과의 설명

기술통계량	설 명
vars	변수의 개수
n	데이터의 개수
mean	평균
sd	표준편차
median	중위수
trimmed	10% 절사평균
mad	중위수 절대 편차(Median Absolute Deviation)
min	최솟값
max	최댓값
range	범위
skew	왜도(Skewness)
kurtosis	첨도
se	표준오차(Standard Error)

중위수 절대 편차(mad)는 양적 자료의 퍼짐(산포)을 알려주는 값이며, 범위, 분산, 표준편차가 이상한 값에 영향을 많이 받는 반면에, 중위수 절대 편차는 이상한 값에 영향을 잘 받지 않는다. 중위수 절대 편차는 중위수를 구한 다음, 각 값에서 중위수를 빼고, 뺀 값에 절댓값을 취하고 마지막으로 중위수를 구한 값이다.

왜도는 양적 자료의 분포의 모양을 알려주는 값이며, 특히 대칭 여부를 알려준다. 왜도가 0에 가까운 값이 나오면 대칭으로, 왜도가 0에서 멀어지면 비대칭으로 판단한다. 첨도도 양적 자료의 분포의 모양을 알려주는 값이며, 특히 중심의 뾰족한 정도를 알려준다. 첨도가 0에 가까운 값이 나오면 중심이 보통 정도의 높이이고, 첨도가 0보다 많이 커지면 중심이 매우 뾰족한 상태로, 첨도가 0보다 많이 작아지면 중심이 낮은 상태임을 알 수 있다. 표준오차는 다른 표본을 뽑았을 때에 지금 표본에서 구한 평균과 얼마나 달라지는가를 알려주는 값이다.

- describe(diamonds$price, trim=0.05) # 5% 절사평균으로 되도록 설정

```
Console ~/
>
> describe(diamonds$price, trim=0.05)
  vars     n   mean      sd median trimmed     mad min   max range skew
1    1 53940 3932.8 3989.44   2401 3470.84 2475.94 326 18823 18497 1.62
  kurtosis    se
1     2.18 17.18
>
```

[그림 9-39] describe( ) : 5% 절사평균

- describeBy(diamonds$price, diamonds$cut) # 집단별 기술통계량

```
Console ~/
>
> describeBy(diamonds$price, diamonds$cut)
group: Fair
  vars    n    mean      sd median trimmed     mad min   max range skew
1    1 1610 4358.76 3560.39   3282 3695.65 2183.13 337 18574 18237 1.78
  kurtosis    se
1     3.07 88.73
----------------------------------------------------------
group: Good
  vars    n    mean      sd median trimmed     mad min   max range skew
1    1 4906 3928.86 3681.59 3050.5 3251.51 2853.26 327 18788 18461 1.72
  kurtosis    se
1     3.04 52.56
----------------------------------------------------------
group: Very Good
  vars     n    mean      sd median trimmed     mad min   max range skew
1    1 12082 3981.76 3935.86   2648 3243.22 2855.49 336 18818 18482  1.6
  kurtosis    se
1     2.24 35.81
----------------------------------------------------------
group: Premium
  vars     n    mean     sd median trimmed     mad min   max range skew
1    1 13791 4584.26 4349.2   3185 3822.23 3371.43 326 18823 18497 1.33
  kurtosis    se
1     1.07 37.03
----------------------------------------------------------
group: Ideal
  vars     n    mean     sd median trimmed     mad min   max range skew
1    1 21551 3457.54 3808.4   1810 2656.14 1630.86 326 18806 18480 1.84
  kurtosis    se
1     2.98 25.94
>
```

[그림 9-40] describeBy( )

참고문헌 및 추천 자료

[1] Herbert A. Sturges(1926), The Choice of a Class Interval, Journal of the American Statistical Association, Vol. 21, No. 153 (Mar., 1926), pp. 65-66

[2] John Tukey(1977), Exploratory Data Analysis, Addison-Wesley.

[3] EBS 지식채널 e의 Numbers 1부 : 사람의 수

[4] EBS 지식채널 e의 Numbers 2부 : 일상의 수

[5] EBS 지식채널 e의 Numbers 3부 : 48분의 함정

■ **이부일**
통계학 박사

■ **이서현**
통계학 박사과정

R과 함께한 데이터 여행 입문

지은이 이부일 · 이서현
펴낸이 조경희
펴낸곳 경문사
펴낸날 2019년 7월 1일
등 록 1979년 11월 9일 제 313-1979-23호
주 소 04057, 서울특별시 마포구 와우산로 174
전 화 (02)332-2004 팩스 (02)336-5193
이메일 kyungmoon@kyungmoon.com
facebook facebook.com/kyungmoonsa

값 10,000원

ISBN 978-89-6105-637-3

★ 경문사 홈페이지에 오시면 즐거운 일이 생깁니다.
http://www.kyungmoon.com

한국과학기술출판협회 회원사